卷首语

从某种意义上说，建筑是材料的艺术，正是形形色色的材料为我们构筑了一个鲜活的建筑世界。材料的种类不胜枚举，特性更是千差万别，在视觉效果、建造工艺、保养维护等各个方面对建筑构成了重要的影响，一定程度上左右着建筑表达的可能性。

本期《住区》以"铜与建筑"为主题，从"铜"这一人类熟悉并较早使用的材料入手，发掘历史、剖析性质、分析个案，一方面对这一材料的重要应用价值与广阔发展前景作以总结与展望，另一方面也是尝试以点代面，阐释材料与建筑相辅相成、兴衰与共的密切关系，希望能够达到管中窥豹的效果与目的。

另外，本期《住区》还对2007年5月18日，在深圳大学科技楼2号报告厅隆重举行的，由《住区》与深圳大学建筑与城市规划学院联合主办的"中国新住区论坛"作以特别报道。

正如清华大学建筑设计研究院院长、《住区》主编庄惟敏教授在致辞中所说，2001年创刊的《住区》，如今已由襁褓中的婴儿步入了激情洋溢的青春韶华之年。而随之而来的，则是担负在肩头的更加厚重的责任与使命。从设计师，到开发商以至社会的方方面面，均为《住区》设定了更为高远的目标，期待它去达成、去开拓、去创造。

现代传媒的职责所在，已经不局限于旧式的宣扬与传播，而升华为引导、构建与疏通，以前瞻性的目光和专心致志的职业精神，铺张联系各种社会关系的纽带。"新住区论坛"便是在这一社会需要的大背景下，《住区》交出的一份答卷。它以学术性为依托，以科学实践为着眼点，力争为科研单位、建筑设计人员与开发商搭建一个开敞自由的沟通平台，总结经验、分享成果、推动合作，进一步促进中国住宅建设的蓬勃发展。本期《住区》利用了相当的篇幅，以客观、纵深的视角，详细介绍了此次盛会的情况，作为整合优势资源、完善自身的重要记录。这次难得的经历，将激励着《住区》朝着既定的目标奋发而执着地走下去。

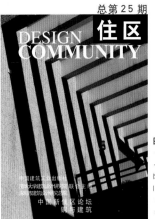

总第25期

DESIGN COMMUNITY 住区

中国建筑工业出版社
清华大学建筑设计研究院住宅
深圳市建筑设计研究总院
中国新住区论坛
铜与建筑

图书在版编目（CIP）数据

住区.2007年.第3期/《住区》编委会编.
—北京：中国建筑工业出版社，2007
ISBN 978-7-112-09317-5
Ⅰ.住… Ⅱ.中… Ⅲ.住宅-建筑设计-世界
Ⅳ.TU241
中国版本图书馆CIP数据核字（2007）第081486号

开本·965×1270毫米1/16 印张·7¹/₂
2007年06月第一版 2007年06月第一次印刷
定价·36.00元
ISBN 978-7-112-09317-5
（15981）
中国建筑工业出版社出版、发行（北京西郊百万庄）
新华书店经销

利丰雅高印刷（深圳）有限公司制版
利丰雅高印刷（深圳）有限公司印刷
本社网址：http://www.cabp.com.cn
网上书店：http://www.china-building.com.cn
版权所有 翻印必究
如有印装质量问题，可寄本社退换
（邮政编码 100037）

目录

住区
COMMUNITY DESIGN

CONTENTS

封面：清华大学专家公寓楼（摄影：张振光）

　　　　　　　　　　　中国建筑工业出版社
联合主编：清华大学建筑设计研究院
　　　　　深圳市建筑设计研究总院
编委会顾问：宋春华　谢家瑾　聂梅生
编委会主任：赵　晨
编委会副主任：庄惟敏　孟建民　张惠珍
　　　编委：（按姓氏笔画为序）
　　　　　万　钧　王朝晖　白德懋
　　　　　伍　江　刘东卫　刘晓钟
　　　　　刘燕辉　朱昌廉　张　杰
　　　　　张华纲　张守仪　张　颀
　　　　　张　翼　林怀文　季元振
　　　　　陈一峰　陈　民　陈燕萍
　　　　　金笠铭　赵冠谦　胡绍学
　　　　　曹涵芬　董　卫　薛　峰
　　　　　戴　静
　名誉主编：胡绍学
　　　主编：庄惟敏
　　副主编：张　翼　叶　青　薛　峰
　执行主编：戴　静
　学术策划人：饶小军
　责任编辑：王　潇　范肃宁
　美术编辑：付俊玲
　摄影编辑：张　勇
　海外编辑：柳　敏（美国）
　　　　　张亚津（德国）
　　　　　何　崴（德国）
　　　　　孙菁芬（德国）
　　　　　叶晓健（日本）

特别策划

Special Topic

中国新住区论坛

　　由《住区》与深圳大学建筑与城市规划学院联合主办的"中国新住区论坛"于2007年5月18日在深圳大学科技楼2号报告厅隆重举行。

　　《住区》由中国建筑工业出版社、清华大学建筑设计研究院、深圳市建筑设计研究总院三家联合主办，是关于中国住宅开发建设的大型学术读物。

　　衣、食、住、行向来被视作人类生存的四大基本条件，而"住"在当今则提升至前所未有的高度，伴之而来的便是住宅问题已成为社会发展的焦点所在。中国需要怎样的住宅？中国的住宅发展将向何处去？"中国新住区论坛"邀请到众多在业内颇富声望的专家学者，结合自身的课题研究，就当下住宅建设的一些热点问题展开了集中论述与探讨。

　　本次论坛邀请到的演讲嘉宾有：周燕珉（清华大学建筑学院教授、《住区》栏目主持人）、孟建民（全国工程勘察设计大师、深圳市建筑设计研究总院院长、总建筑师、《住区》编委会副主任）、梁鸿文（深圳清华苑建筑设计有限公司总建筑师）、庄惟敏（清华大学建筑设计研究院院长、清华大学教授、博士生导师、《住区》主编）、叶青（深圳市建筑设计研究总院副院长、深圳市建筑科学研究院院长、《住区》副主编）、李念中（深圳清华苑建筑设计有限公司总经理）与卫翠芷（香港房屋署高级建筑师、《住区》栏目主持人）。他们分别以《中小户型设计及日韩住宅精解》、《互动设计》、《建筑师能做什么》、《用心的平实——清华校园学者居住空间设计研究》、《以绿色思维创新绿色住区设计》、《深圳房价问题研究》及《香港公屋的通用设计》为题进行了主题讲演，内容丰富，涉及广泛，既包括高屋建瓴的理论探讨，又不乏细致入微的个案研究，且紧贴时势，具有鲜明的时代气息与重要的指导意义。

　　论坛还特设了点评环节，在每个讲演结束后，由权威人士做以简要的解析与评述，从而令与会者对议题的理解更为透彻，也更具有引导性。

　　参加本次论坛的学者、领导主要来自中国建筑工业出版社、清华大学建筑设计研究院、深圳市建筑设计研究总院、中建国际（深圳）设计顾问有限公司、深圳市城脉建筑设计有限公司、柏涛建筑设计公司等重要的出版、科研单位，另有万科、金地、招商等著名地产公司的业内人士参与其中。

　　本次论坛秉承着专业、严谨的态度，以学术性为依托，以科学实践为着眼点，力争为科研单位、建筑设计人员与开发商搭建一个开敞自由的沟通平台，总结经验、分享成果、推动合作，进一步促进中国住宅建设的蓬勃发展。

论坛现场

点评嘉宾

主题演讲

深圳大学建筑与城规学院副院长、《住区》学术策划人饶小军致辞

尊敬的赵社长、庄院长、孟院长、各位专家、各位来宾，上午好！

首先，我代表深圳大学建筑与城规学院对大家在百忙中前来参加《中国新住区论坛》表示热烈欢迎和衷心感谢！

在2004年，深圳大学建筑与城规学院就与中国建筑工业出版社在深圳大学联合组织了一次大型论坛——国际大师巡回展，请来了国际著名学者杨·盖尔以及阿莫斯，大师们精彩的演讲让深大师生受益匪浅。同时深圳大学建筑与城规学院与中国建筑工业出版社在建筑图书的原创、翻译等方面进行了广泛的合作。

今天，我们又迎来了一次丰富的文化盛餐。这次新住区论坛我们与《住区》联合主办，邀请了有关专家学者，共同交流我国住区建筑和发展中的实践和理论探讨。这些专家学者是深大的良师和益友，我们对你们的到来表示再一次的欢迎和感谢！

深圳大学建筑与城规学院与《住区》已经达成一致意见，今后将在这里不定期地举办各种类型的学术活动。望双方的合作，带来住区领域更广泛的交流和学术探讨。

《住区》是一本关于住宅开发建设的大型学术读物，2007年我们喜闻中国建筑工业出版社、清华大学建筑设计研究院、深圳市建筑设计研究总院三家单位联合主办《住区》，我们表示忠心的祝福，愿杂志越办越好。

同时愿我们深圳大学建筑与城规学院和《住区》的合作也越来越广泛。

祝各位来宾身体健康、工作顺利！祝这次论坛取得圆满成功！

谢谢大家。

《住区》编委会主任赵晨致辞

尊敬的庄惟敏院长、孟建民院长、饶小军副院长，各位专家、各位来宾，上午好！

首先，我代表《住区》编委会、同时也代表建工出版社对大家在百忙中前来参加《中国新住区论坛》表示热烈欢迎和衷心感谢！

《住区》是一份面向市场的建筑期刊类出版物，它创刊于2001年，伴随着我国住宅市场化的进程和住宅产业的蓬勃发展而逐渐为大家所认识、所了解。它以建筑师和开发商为主要服务对象，以专业性和市场性的结合为主要特色，是目前我国惟一一本为建筑师与开发商搭建桥梁的杂志。几年来，由于它切合实际的内容和严肃认真的办刊风格，不仅为许多业内人士所称道，也受到了不少高校师生的关注。

从去年到今年，《住区》在各方面的关心和努力下，正在发生一些新的可喜的变化。一是适应形势和市场的需要，扩充了版面，调整了栏目，充实了内容，并适当加强了编辑和发行力量。二是扩充了主办单位，在中国建筑工业出版社和清华大学建筑设计研究院两家主办的基础上，增加了深圳市建筑设计研究总院为新的主办单位。我们感谢深圳市建筑设计研究总院、特别要感谢孟建民院长对《住区》的关心和支持，相信在我们三家主办单位的共同努力和社会各方面的关心支持下，《住区》肯定会越办越好。三是加强了有关的学术活动。举办学术活动是增强《住区》专业性和市场性的必要措施。我们曾在2004年5月在北京成功举办了健康住区国际论坛，还在各地举办过若干小型学术活动。最近，我们与深圳大学建筑与城规学院已经达成一致意见，今后将在这里不定期地举办各种类型的学术活动。这次《中国新住区论坛》是我们共同举办的一次大型活动，希望通过这个论坛邀请有关专家学者，共同研究交流关于我国住区建设和发展中的新理论、新成果、新经验和新的体会创意。相信到会的各位专家来宾一定会利用好这次论坛，既充分展示自己，又从中有所收获。

祝各位来宾身体健康、工作顺利！祝这次论坛取得圆满成功！

谢谢大家。

清华大学建筑设计研究院院长、《住区》主编庄惟敏致辞

尊敬的赵晨社长、孟建民院长、饶小军副院长、各位嘉宾、老师们、同学们，大家上午好！

很荣幸我能作为《住区》的主编在这里讲几句话。

《住区》在 2001 年开始创办之际，清华大学建筑设计研究院的胡绍学先生任主编，中国建筑工业出版社的赵晨社长任编委会主任。我是在去年下半年开始由编委会副主任的工作接替胡绍学先生的主编工作。新工作开始不久就赶上这样一个高水平的论坛，心里感到非常高兴。

看着《住区》由一个襁褓中的婴儿，一步步走到今天，进入了他的最青春韶华之年。欣喜之余也陡感肩上担子的沉重，因为《住区》已不是 6 年前的《住区》了，随着他愈发地长大，也愈发为社会各界所瞩目，读者们对他的要求更高了，建筑师们对他的期待更高了，发展商们也更加关注他，并且对他的要求也愈发苛刻了。好在我们《住区》这个团队是一个高水准有活力的团队，这又让我感到踏实和欣慰。

面对信息爆炸的今天，前所未有的纷繁的媒体世界，面对残酷激烈的竞争，《住区》怎样才能卓尔不群、旗帜鲜明、个性突出、观点犀利、界面友好、内容丰富、既不哗众取宠，又能平易近人，这是我们《住区》人要认真思考和研究的。

正如刚才赵晨社长所讲的，《住区》几年来的成绩是显著的，6 个专栏、24 个主题几乎涵盖了中国乃至国际上近几年来住宅及房地产界所有热门的话题和专业指向，其影响有目共睹。

在 2007 年《住区》发展到需要跨越式提升的关键时刻，深圳建筑设计研究总院加入到主办单位的行列中来，无疑为《住区》注入了新鲜的活力。在这里我谨代表《住区》编委会对孟院长本人及深圳市建筑设计研究总院表示衷心的感谢。

《住区》发展到今天 6 个年头，尽管起步较晚，还很稚嫩，但由于一开始定位准确、宗旨鲜明，在建筑媒体纷繁的当今很快地在建筑师、规划师与政府和房地产发展商之间搭建起了一个桥梁，站稳了脚跟。这一准确的定位和市场切入正是《住区》迅速成长，迅速为社会和业界所认同的关键。

制作和经营媒体是我们的工作，但搭建一个平台，提供像今天这样一个充满学术氛围的论坛，推动住宅规划及建筑设计的学术进程却是我们的事业。

我们要做一个有社会责任感的专业杂志和媒体人。

今天看到在《住区》的号召下，各方专家学者济济一堂，我内心充满了感激与喜悦。

最后我要借此机会，感谢此次会议的主办方之一深圳大学建筑与城规学院，感谢陈燕萍院长及她的同事们的辛勤操办。

感谢各位的光临。

祝中国新住区论坛圆满成功！

深圳市建筑设计研究总院院长、《住区》编委会副主任孟建民致辞

尊敬的赵晨社长、庄惟敏院长、饶小军副院长、各位专家、各位来宾，上午好！

首先，我代表深圳市建筑设计研究总院，同时也代表《住区》主办单位之一对大家在百忙中前来参加《中国新住区论坛》表示热烈欢迎和衷心感谢！

对于深圳市建筑设计研究总院，我们一贯坚持设计实践与学术探讨相结合的道路。

《住区》是一本关于住宅开发建设领域的大型学术读物，它创办于2001 年，6 年多来，《住区》一直坚持为政府职能部门、规划建筑设计人员和房地产发展商提供一个交流、沟通的平台的办刊宗旨。《住区》内容涉及 3 个层面即权威性、专业性、市场性。三方面兼顾，有助于建立健康的房地产之路；有助于提高住区规划建设水平；有助于引导消费者正确消费。

2007 年，深圳市建筑设计研究总院荣幸地成为《住区》的联合主办单位。通过我们三家的合作，《住区》会为广大的读者朋友们提供更广泛的交流和服务。

衣、食、住、行向来就被视作人类生存的四大基本条件，而"住"在当今则提升至前所未有的高度，伴之而来的便是住宅发展将向何处去。"中国新住区论坛"邀请到有关专家学者，将结合自身的课题研究，就当下住宅建设的一些热点问题展开集中论述与探讨。

今天，在深圳大学校园里举行的中国新住区论坛是一个开端。深圳大学建筑与城规学院与《住区》已经达成一致意见，今后将在这里不定期地举办各种类型的学术活动。感谢深圳大学建筑与城规学院对《住区》的支持。

最后我代表深圳市建筑设计研究总院祝各位来宾身体健康、工作顺利！祝这次论坛取得圆满成功！

小户型研究与日韩住宅比较

Small-sized Housing Study and A Comparison of Japanese and Korean Housing

周燕珉 *Zhou Yanmin*

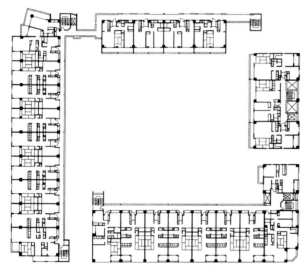

1. 日本的集合住宅采用节地型窄面宽形式，且多采用外廊式交通，户型联排布置的方式

2. 日本的外廊式住宅

"国六条"颁布之后，小户型的设计开始为人瞩目，本文将就这一领域所进行的相关研究作以探讨。另外，日、韩是我国的近邻，其住宅发展的历史也要略长于我国，特别是在集合住宅方面，有不少经验值得我们借鉴，因此将在文中一并予以介绍和分析。

一、日本住宅概况及户型特点

日本与韩国均实行土地私有制，日本自有住宅占有率为60.3%，租房占38.0%。实际上，在30岁之前，其国民几乎没有能力去购买独立式的自有住宅，而是选择公寓式的集合住宅作为居所。这种住宅需要节能、省地，减少造价。故多用外廊式交通布局，这是日本集合住宅的一个重要特点（图1）。外廊式住宅优点：一是地震、火灾发生时，居民可以以最快的速度跑到外廊避难，接触到新鲜空气。二是可减少楼电梯的数量，降低造价。三是外廊可连接许多小户型，住宅的容积率因此提高，达到节地的目的。

街坊式住宅是日本比较常用的集合住宅形式，常为外廊式连接，东西朝向的户型较多，以提高户数和容积率（图2）。中国目前住宅的发展已经超越了日本当下普通集合住宅的标准，很多是一梯两户，采用板楼形式，从节地的角度而言，是没有优势的。

日本有些高层的塔式住宅，平面布局为中空式（图3）。在建筑内部设有一圈走廊，使塔的外轮廓增大，户数增多，电梯服务更多住户，是一种较为节地的手法。在日本一些大城市的中心地带，由于地价很高，都盖有这种住宅建筑。

但高层住宅带来了一个不容忽视的问题，即邻里的交往不畅，儿童不能接近地面，缺少游戏场所。所以在高层塔式住宅中又提出了"立体街道"的概念，将塔内的"街道"变为纵向的，并分为若干组，4、5层构成一个类似国内居委会的管理层面，如以颜色区分，加强认同感（图4）。同时，各个部分加入了一些公共的活动空间，如图书馆、儿童活动室等，从而方便居民就近活动，增进了邻里交往。

日本住宅的典型平面（图5）采用田字形，也叫十字形，即：住宅中部一般为厨房和卫浴空间，纵向则是走廊。厨房和卫生间放在中间的优势在于不必占用外面宽，日本的法规中厨房也没有要求必须对外开窗，只要有一个烟道通出去就可以了。其次，起居室和餐厅在最南面，占据优越的位置，而卧室则在北面，沿走廊两侧布置。日本人对卧室私密性的理解与中国人有所差别，他们认可卧室布置在入口门厅处的布局方式，这是长期以来形成的习惯使然，因为在公共走廊通过时，日本人可以保证目不斜视。相对来说，起居室、餐厅才是他们意识中最重要的私密空间。所以进入日本住宅的玄关，你无法一眼看到起居的情况，而中国则是开门见山式的。在日本类似这样分隔的住宅套型，一般每户面宽是6m～8m较为节地，而进深11m～14m，同中国相差不大。

日本住宅的起居室、餐厅空间与厨房经常是连为一体的，厨房是敞开式的，有时会加入玻璃窗作隔断。总之，二者的这种连续性，会使得起居空间看上去比较大。室内很多门采用隔断门，可以自由开关，使空间具有了较强的流动性。厨房开成横长窗，这样上部可以加吊柜，从而增加储藏空间。餐厅的餐桌和厨房则是连接布置的，常被称为"对面式厨房"，可将食物直接递送至餐桌上，便于操作，减少了主妇的工作量，也加强了家庭成员之间的交流（图6）。

日本住宅的卫生间一般分成三部分空间，浴室和淋浴放在一个空间，洗脸与化妆一个空间，厕所则独立出去。使用时比较便利，尤其对于多人数的家庭，可以做到互不干扰。而中国的住宅设计往往三居室便设计两个卫生间，按每个卫生间4m²～5m²计算，合起来占地便比较大，一定会超过日本现在卫生间的面积。如果采取单卫生间，又造成使用过于集中，因此日本这种分开的形式还是值得学习的。

日本住宅的卫生间实行干湿分区（图7），淋浴和浴缸设置在湿区内，中国往往将淋浴和浴缸置于一体，在日本二者是分开的。在洗脸池旁一般放置洗衣机，包括一些储藏。卫生间的紧凑化设计则达到了极限，冲马桶的水先流入由水箱盖代替的小手盆先供洗手再用于冲马桶，是有效的节水手段，也省去了洗手池所占用的空间。而且日本家庭卫生间中，包括公共场所在内，已经大部分使用了智能坐便器，既卫生、又舒适。

日本住宅非常重视储藏空间的设计，从其储藏柜分类的细致程度便可见一斑。储藏面积已经成为了住宅的销售卖点，一般住宅均会设计大量的储藏空间，而且采用按各空间需求分散设计的方式，方便就近拿取物品。

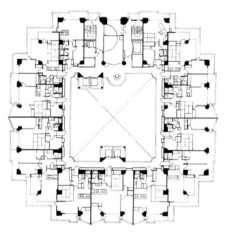

3a.日本的高层中空塔式住宅

3b.日本的高层中空塔式住宅

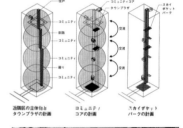

4.立体的街道

5.日本住宅的典型平面

6.日本住宅的厨餐连接

7.日本住宅卫生间干湿分区

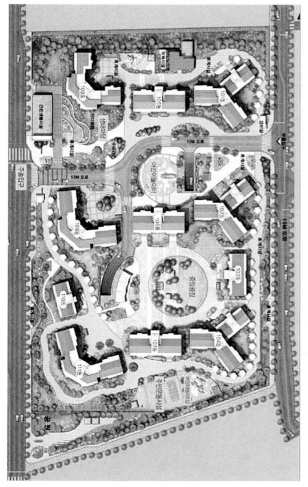

8.韩国住宅规划示意图

9.韩国住宅户型图

10.韩国住宅户型图

11.韩国住宅厨房

12.韩国住宅厨房

13.韩国住宅厨房

二、韩国住宅概况及户型特点

韩国住宅区规划（图8）因用地紧张，其日照间距要求也比较小，小区的景观多为立体式的以充分利用地形。住宅的面宽大、进深短，基本为板式，而且多为中高层住宅，外形实用而简洁。

韩国住宅的平面（图9~10）有如下特点：1.主次卧分区；2.玄关转折；3.空间具有回游性；4.厨、餐、起空间居中；5.前后均设连通式阳台；6.主卧带套间；7.卧室为方形；8.管道井设置整齐；9.面宽较大10m以上；10.进深小一般为10~12m。

韩国住宅的主卧一般放在套型的内部一带，有时与书房、卫生间形

成一套空间，次卧则设在外面，靠近入口。起居室、餐厅放在两个卧室区的中间，餐厅与厨房有时结合设计，有时也分开布置（图11~13）。韩国的住宅有很多外阳台，这同韩国的住宅政策相关（1.5m之内的阳台不算面积）。其功用也很丰富，可以晾晒衣物、储藏物品等。特别是厨房侧的阳台，作为辅助的储物空间极其有效。

韩国住宅的卧室主要呈方形，南向面宽较大，我个人觉得相对日本而言，韩国更为重视舒适性；套型面宽达到了10m以上，日照及通风均较好。从平面上我们可以看到，其住宅的进深不是很大，所以建筑外观看上去很薄，阳台则多为封闭式的。

三、中国小户型住宅设计研究

我以曾参加过全国竞赛并获得第一名的一个项目来简要说明，如何才能做到节能、省地。首先是研究地形。这是一块 6hm² 的土地，经过排列、对比，我们发现划定如图所示的矩形是最节地的一种方法（图14）。在其中做的几栋住宅均采用板塔结合的形式，同时布置一些短板式住宅，又使一些楼栋朝向向东偏转30°，再加上东西向的合理应用，以多种手段达到了节能省地和减少日照间距的目的，并使用地的容积率得以提升。现在的小户型面对的一个较大的困难是配套设施的完善，如停车的问题。按照该项目设计过程中的计算，若建地下停车场以满足增加的小户型住户的停车需要，则三分之二的面积要被占用，而且很可能还不够。因此，最后我们决定在周边设地坑式立体停车位，代替地下停车场之用。

从目前整个小户型的市场来看，一梯两户的住宅严重制约了容积率的提高，取而代之，一梯多户的住宅单元将成为主流。其主要形式包括：塔楼（单层面积大，一梯4户以上）（图15）、板塔结合（两端做塔式处理，中间为板式）（图16）、连廊式住宅（外廊连接各户，公寓类小户型）（图17），以及东西向住宅等，今后的户型将向这些方向发展。

可变式户型设计（图18）为我曾主持设计的一个竞赛获奖方案，选取一个18层的、有2部电梯的边单元作为突破点。图中所示是1梯3.5户的户型，即将其中的一个户型设计为跃层式。小户型日渐成为趋势，但统一的 90m² 或 70m² 住宅，千篇一律，缺乏特色，因此我们试图通过这个方案灵活变通，在形式上做一些变化的探索和尝试。为了达到资源的有效配置，我们打破了传统一梯四户的平均分配布局，采取了如下措施：将可能最好卖的东南角住宅面积扩大；将东北部的一套住宅向东拉伸使其出现南窗，并充分利用边单元采光、通风的优势，做出明卫，令该套住宅品质得以提升；西侧的套型，做成南北通风，面积尽量紧凑，西南侧的套型即是最有特色的跃层格局，从正门进入可直接上2层。1层设置有餐厅、起居室、厨房、卫生间、阳台等，2层除有一间较大的主卧，以及储、卫之外，还有一些比较小的空间，可以灵活设置为小厨房、茶室、小书房等。整座住宅可以为户主提供舒适的生活环境，同时也可以分层出租，缓解购房人的还贷压力。对东南角的套型，在空间上

作出灵活改变的尝试，使其可根据住户的需求分割为2室户、3室户或4室户，以适合不同家庭人口、不同生活情况的住户使用。

自由组合式住宅（图19）也是我设计的一个项目，是中青年与老人共享的住宅，户型为满足老少户的要求，特别是老年人的一些特殊要求，作了一些精细化的设计。而其最主要的特色在于通过一条走廊使得住宅具有了灵活多变的形式。利用走廊中户门位置的不同布置达到套型空间的自由组合与分解。

根据自身的研究与实践，我认为，现代小户型中采用下列方法，可以达到既压缩面积，同时又能保证舒适度的效果和目的。

1. 适当降低套型面宽，特别是起居室的面宽。
2. 减少中部交通面积，使空间紧凑化（图20）。
3. 巧妙设计半间房，并使其与大空间可分可合。
4. 空间复合利用。可以采取餐、起合一，餐、书合一，卫生间干湿分区，水池独立外置等布置方法，对空间分时段、分区位充分利用，保证互不干扰。
5. 阳台实现多功能化。阳台设上下水以放置洗衣机，洗、晾、储一体化。
6. 厨房和卫生间面积精确化。保证功能及舒适要求，又不浪费面积。
7. 楼梯间的面积精确化，其布置要考虑管井、消防要求、与入户门的关系等多种因素。

结语

中国小户型住宅的建设量庞大，且这一发展方向势在必行，因此，我们需要更加深入地研究与实践。日、韩精致、灵活的住宅设计为我国的住宅，尤其是小户型住宅的设计提供了有益的借鉴，我们可以尝试从如下几个方面理解和学习：

1. 注重节能省地；
2. 空间设计小中见大；
3. 追求精细化、人性化设计；
4. 保证住宅质量，提供良好的设施设备。

作者单位：清华大学建筑学院

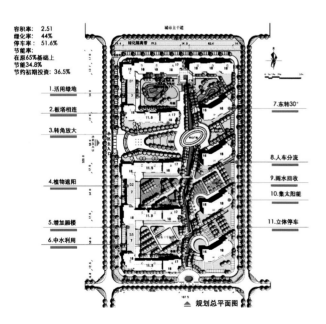

14. 节能省地的规划设计

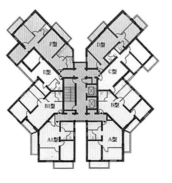

15. 一梯多户的住宅单元设计

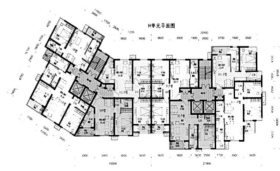

16. 一梯多户的住宅单元设计

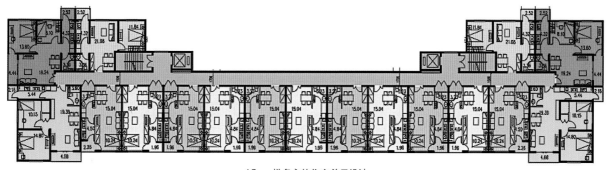

17.一梯多户的住宅单元设计

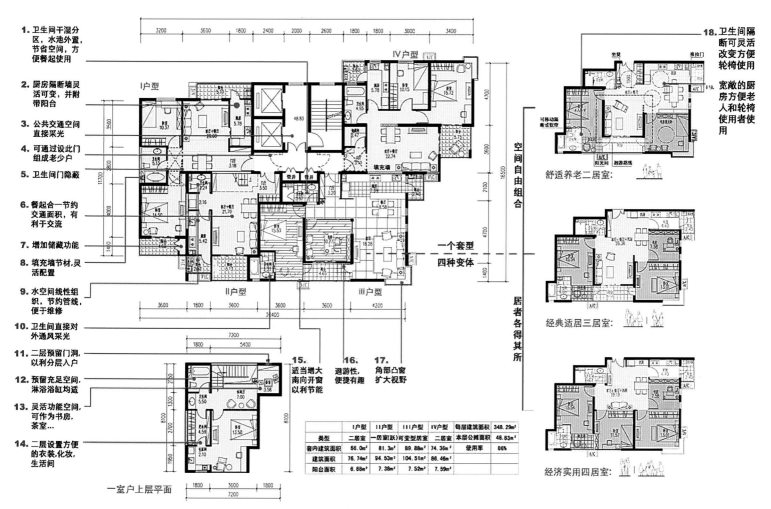

1. 卫生间干湿分区,水池外置,节省空间,方便餐起使用

2. 厨房隔断墙灵活可变,并附带带阳台

3. 公共交通空间直接采光

4. 可通过设此门组成老少户

5. 卫生间门隐蔽

6. 餐起合一节约交通面积,有利于交流

7. 增加储藏功能

8. 填充墙节材,灵活配置

9. 水空间线性组织,节约管线,便于维修

10. 卫生间直接对外通风采光

11. 二层预留门洞,以利分层入户

12. 预留充足空间,淋浴浴缸均适

13. 灵活功能空间,可作为书房,茶室…

14. 二层设置方便的衣装,化妆,生活间

15. 适当增大南向开窗以利节能

16. 週游性,便捷有趣

17. 角部凸窗扩大视野

18. 卫生间隔断可灵活改变方便轮椅使用

宽敞的厨房方便老人和轮椅使用者使用

舒适养老二居室:

经典适居三居室:

经济实用四居室:

空间自由组合

一个套型
四种变体

居者各得其所

一室户上层平面

	I户型	II户型	III户型	IV户型	每层建筑面积	348.29m²
类型	二居室	一居室(跃)可变型居室	二居室		本层公摊面积	48.83m³
套内建筑面积	66.0m²	81.3m²	89.88m²	74.36m²	使用率	86%
建筑面积	76.74m²	94.53m²	104.51m²	86.46m²		
阳台面积	6.68m²	7.38m²	7.52m²	7.59m²		

18.可变式户型设计

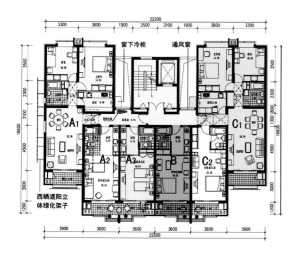

窗下冷柜

通风窗

西晒遮阳立体绿化架子

19.自由组合式住宅

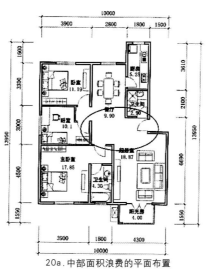

20a.中部面积浪费的平面布置

3室户

20b.改进后的平面布置

建筑师能做什么?!
——一种先进的建筑工程技法介绍

What can architects do?
Introduction to An Advanced Construction Technology

梁鸿文 *Liang Hongwen*

住房和环境资源保护是与建筑师职业密切相关的两大社会问题,随着经济高速发展,中国城市化进程不断加速,环境资源问题也日益严峻。我国著名经济学家陈清泰先生指出"在盘点'十五'业绩的时候发现,在增长速度、投资规模、进出口总额等'量'的方面都超目标增长,但在结构优化、技术进步、资源节约、环境保护等'质'的方面目标很多却落了空。如'十五'计划的GDP年均增长7%,结果是9.5%,而能源弹性指数一改过去20年平均为0.5的状况发展到超过1.0;'十五'要求2005年全国耕地不少于19.2亿亩结果多用9000万亩;'十五'提出结构调整是主线,但第三产业比重却逐年下降;'十五'要求到2005年主要污染物排放减少10%,结果反增长27%"。(内刊要闻汇编总第441期P.11)显然,在我国GDP中举足轻重的房地产业和土地资源紧张、环境污染关系密切。只有加强环境保护和引导房地产业健康发展才能缓解这种逆向的增长状况。目的为解决房地产业问题的"国六条"颁布后出现的种种矛盾现象,说明房市问题的症结不在于房价和面积而在于供应结构模式的错位。只有根据市场和居民的实际需求调整供应结构、大力发展经济适用房和出租公屋的建设,使住宅作为消费品和投资品的双属性市场在供销上各得其所,与此同时改变不合理的土地转让使用制度,制止官商勾结、钱权交易才能有效解决住房服务问题。这一切都有赖于政府扮演好公共服务角色,一个真正的"公共服务型"的政府,才能落实执行公正合理的法律政策制度。

回顾我国几十年来住宅的发展历程,建筑师们一直在政府政策限定内不断探索与国情相适应的住宅设计模式。现时在配合政府解决中低收入民众住房问题的时候,建筑师能做到的:一是更多关注创新科技,做好建筑节能设计;二是研究总结过去经验,根据国情发展做好低成本、高质量、快实施的"经济适用型住宅"或"公屋"的设计。在反思职责的时候,我们注意到台湾曾成功应用于中低收入者住房建设上的一种先进的建筑工程技术——"渊河工法"。它是一种使用于钢筋混凝土结构的大量多、高层集合住宅建造的专门技术,以发明者李渊河命名,在上世纪末在台湾成功推广。它已取得了全球十多个国家的专利,虽然这种新技术在中国大陆推广会存在新的问题,但发明人的创新精神和在台湾的实践经验给我们良多启迪。

一、渊河工法概况

渊河工法是一种机械工程和营建工程技术结合的施工技术,全部使用钢模,运用积木原理以通用的零件组合成整体的模具,能整体脱模,把结构体与门窗、水电配管及建筑造型一体成型的快速、精确施工技术,它是一个工程方法系统。

由于消除了传统用木模重复组装拆卸的时间与材料的浪费,免去了粉刷、管道安装等二次施工成本和时间,模件制作、组合系统化、简易化,可重复使用上千次而大幅降低了成本,节约了工程时间又能做到精确施工,提高质量,因而它具有高质量、环保、快速、低成本、安全、资金周转快等6大优点。

二、工法特点和原理

1. 墙柱系统和楼板系统分别施工,各不干扰

用组合成空间体的模具,以房间为单元,墙体自下而上,楼板由上而下,分头进行区隔施工。这样就可避免工种的交叉干扰,使各工种作业负荷平均,工地组织简化,效率大大提高。

2. 整体作业,一次成型

● 钢筋——模具中有钢筋支架,保证快速精确敷设配筋。

● 门窗——模板上设置好门窗框,确保位置精确,密合不变形,无需二次安装。

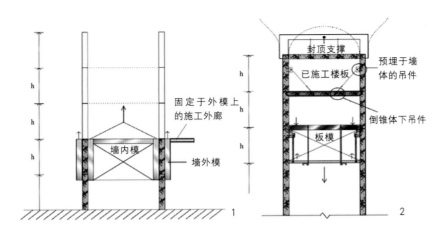

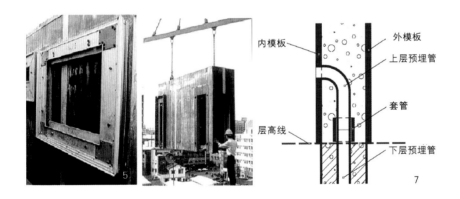

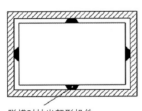

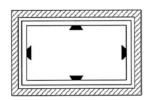

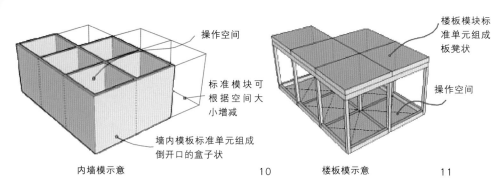

操作空间

标准模块可根据空间大小增减

墙内模板标准单元组成倒开口的盒子状

内墙模示意 10

楼板模块标准单元组成板凳状

操作空间

楼板模示意 11

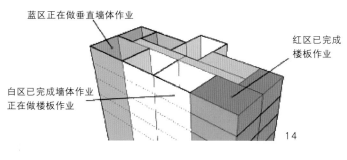

蓝区正在做垂直墙体作业

红区已完成楼板作业

白区已完成墙体作业正在做楼板作业

14

10.11. 楼板模示意
12. 组模后现场
13. 施工现场
14. 区隔施工示意
15. 台湾水连山庄施工现场
16. 台湾国安国宅

● 水电管线——所有管线按设计制成半成品预置在模具中,使备料方便,工作量平均,安装位置准确,降低水电工程成本。

● 脚手架——配合结构施工及装修施工,可在墙外模上装工作走廊辅助架,随模上升。安全、轻便、节料、环保。

● 内外饰面——用钢模生成的表面光滑平整,外墙饰面省底灰,内墙可直接喷色。

工人按定点安装、浇灌,复杂技术变为简单技术却能达到快速、精准、密实,并省去二次工程量。

3.整体脱模

● 垂直、水平结构都可实施整体伸缩支模,脱模,避免了传统木模的全拆卸、全重装的费工费料做法。

● 模具可伸缩的原理是利用可加减的插入缩模机件。抽出机件,整个模具稍稍缩窄就可向上或向下滑动至新的位置时插入机件,整个模具再伸展复原就可继续施工。

● 无需大装大卸,模具可上千次重复使用。

模具能整体装脱的做法不仅节省了大量时间和工料,同时使工地环境清洁环保,施工者安全和操作方便得到保证。

4.运用"积木原理"组装模具,以其可变造型满足建筑空间的变化要求

● 模具的标准元件如积木的零件,依建筑设计尺寸在电脑上排列组成一定尺寸的标准模板单元,几个单元再组成内模及外模模具(以每一间一个独立模具原则安排)。

● 在工厂中依排模设计图将标准元件最终组合成墙柱及楼板的模具,编号送到工地现场使用(可根据进度用多少组装多少、送多少,省掉存放与组装模具的占地面积)。

● 与建筑设计结合的排模组模设计决定标准模版的型号、数量和以其组成不同空间体的灵活性,以最少量的模版数而收到最大的组合灵活性为最佳。建筑设计的格局能考虑到工法特点就能大大提高制作和使用模板、模具的效率,所以建筑设计中功能空间的标准化和模数化是非常有利的。

三、施工规划和工法管理

● 施工规划由于把复杂工程内容简化为由下向上施工的垂直柱墙系统与由上向下施工的水平楼板系统,二者区隔分明,可各自独立而并进,施工组织变得简洁易行,当2栋以上建筑施工时尤为明显。施工规划主要做出模具使用周转规划及扬重、吊运计划。

● 工法管理是把工厂制造业管理结合工地建筑业管理,把工厂生产线的观念用到工地,通过恰当划分施工流程及分区增加并行、垂叠及重复的作业,使各工种负荷平均,提高工效,降低技工人力需求。

四、这项工法技术已得到深圳市建筑新技术中心颁发的推广证书,但推广存在难点,需要各方支持和努力

● 管理水平要求高(把制造业管理和营建业管理结合的工法管理)和中国现状有较大差距,如果实施,需要培训人才。

● 虽然实施后资金周转快,经济效率高,但首次模具制作投资较大,吊装设备要求高。在中国劳动力低廉情况下承建商难以接受。

● 用此技术对建筑设计要求更高,在尽量做到规范化、标准化的同时要求有变化的灵活性,并能创造出新的建筑美学效果。

作者单位:深圳清华苑建筑设计有限公司

深圳房价问题研究

A Study on Housing Price in Shenzhen

李念中 *Li Nianzhong*

一．住宅价格形势

1.国内住宅价格形势

中国国内的住宅价格自2003年以来增幅明显提高。2000年~2004年，全国35个大中城市中，房屋价格指数增幅超过5％的有19个，2005年全国新建住宅价格又同比增幅7.5％。

2006年中国国民经济总体依然呈现增长速度较快、经济效益好、商品价格水平基本稳定、房价涨幅仍然偏高的现象。尽管2005年以来国家出台了一系列组合拳式的宏观调控措施，以限制房价上涨过快，然而2006年全国的房价依然不断上升。这一年，全国70个大中城市房价同比上涨了5.8％，北京、广州、深圳等大城市的房价同比上涨甚至超过了两位数。

进入2007年的最初两个月，全国70个大中城市的房价同比上涨了8.59％。涨幅较大的主要城市包括：深圳（同比上涨9.9％）、北京（同比上涨9.7％）、广州（同比上涨9.6％）、福州（同比上涨9.1％）。至此，全国商品房价已经保持了连续近10年的增长势头。

2.深圳住宅价格形势

根据深圳市国土资源和房产管理局在交易会上提供的资料显示，2007年第一季度深圳房价的涨幅在10％左右，其中各月的涨幅分别为10.2％、9.9％和10.7％。由此可见，深圳市的商品房价格依然和全国绝大多数大中城市一样保持着强劲的增长势头。

二、房价上涨因素探索

中国社会科学院、社会科学文献出版社联合发布的《2006年房地产蓝皮书》较为详细地分析了房价上涨的因素，罗列出如下项目：

1.需求旺盛。

2.供给结构失调。

3.国家信贷支持。

4.地方政府推动。

5.缺乏规范的信息披露制度。

除此之外，中国城乡建设与环境保护部也曾分析过房价上涨的因素，主要有以下几项：

1.经济适用房供应比例下降。

2.建材与土地价格上涨。

3.阶段性供不应求。

4.房地产商利用政策和市场信息不对称进行炒作。

5.中低价位普通商品房供不应求。

具体到深圳房价上涨的因素，结合城市的特殊背景与发展现状，我们不妨从以下几个方面来作以探讨：

1.土地供应严重不足导致供需严重不平衡。

2.经济的快速增长导致需求旺盛。

3.政府政策导致住宅成本上升。

4．房地产商与投资者的炒作。

下面我们将逐条进行较为详细的分析。

1．土地供应严重不足导致供需严重不平衡

"市场有只无形的手在掌握着房子的价格"——需求关系是房价上涨的根本原因，这句话集中地体现了市场经济的最基本原理。

住宅是商品，然而其作为一种非常规消费和非选择性强的商品，与房地产与市场经济环境中的众多商品有着许多不同之处。最主要的是作为房地产基本价值点的土地是特定的和不可复制的，这就决定了其供应量的有限。

"房子涨与深圳土地的供应量减少有关"，这是众多地产界人士的共同观点，应该说，这是深圳市房价上涨的最主要因素。

深圳市的土地稀缺状况与其城市规划有密切的关联。

城市规划中对居住区的规划，最核心的依据是人口指标，人口指标和居住面积标准决定了城市的居住用地指标。按照《深圳市城市总体规划（1996～2010）》的预计，深圳的人口在2010年将达到430万人，这个数据此后经过一次校核，最终确定为510万人。在这一规划中，同时设定了在2010年，深圳市的城市建设用地将为450～520km²。而实际上，2003年深圳的人口据新一届政府公开承认，已经达到了1000万人。正是这种计划经济和官僚主义的产物导致土地供应从最根本的基础数据起便不符合客观实际，致使从城市规划上就人为地制造了土地供应短缺。

亚当·斯密曾在著作《国富论》中提出，每一个商品的市场价格，都受它的实际供售量，和愿意支付它的自然价格（或者说愿支付它出售前所必须支付的地租、劳动工资和利润的全部价值）的人的需要量这二者比例的影响。愿支付商品自然价格的人，可称为有效需求者。他们当中有些人，宁愿支付较大的价格以得到商品，于是便在需求者中引发了竞争。市场价格因此会或多或少地上升到自然价格之上。这种竞争，往往是由于商品的缺乏导致的，而其程度大小，则要看这商品对求购者重要性的大小。

按照亚当·斯密的理论，土地的供应量明显不足，不能满足市场的有效需求，其市场价格便或多或少地上升到了自然价格之上。而基于土地而建的住房的重要性在都市人的生活中仅次于生活必需品，因此价格总是非常昂贵也就顺理成章了。

总之，在如今市场经济已占主导地位的深圳乃至全国，土地短缺造成的住房供应的短缺必然导致住房价格的上涨。

2．经济的快速增长导致需求旺盛

我们可从以下两个方面理解经济增长与房价上涨的关系：1）经济增长带动有效需求引起房价上涨；2）经济增长基尼系数上升导致豪宅需求增加，从而带动整体房价上升。

（1）经济增长带动有效需求引起房价上涨

深圳经济连续12年保持高速增长，居民收入和储蓄也上升较快。闲散的资金必然需要寻找投资渠道，而土地的供应不足则使得大家看到了其中的升值空间和投资潜力。同时，国外资本也看好在深圳等经济持续高速增长、土地供应不足、人口增长较快的城市投资住宅，以寻求较好的投资回报。

另外，我们衡量一个地区的住宅产业的水平和有效需求，有三个可以参考的指标：人均GDP水平、恩格尔系数和人均居住面积。

从深圳的人均GDP水平、恩格尔系数和人均居住面积这三项指标来衡量，深圳人的生活水平已走在全国的前列，而住宅产品的消费水平也是全国最高。这与深圳整体经济发展水平高、房地产开发历史长和人口增长迅速都有着密切的关系。深圳的住宅产业处于全国的领先地位，今后仍将引导着全国住宅产业的潮流。

（2）经济增长基尼系数上升导致豪宅需求增加，从而带动整体房价上升

20世纪初意大利经济学家基尼，根据洛伦茨曲线找出了判断分配平等程度的指标，设实际收入分配曲线和收入分配绝对平等曲线之间的面积为A，实际收入分配曲线右下方的面积为B，并以A除以A+B的商表示不平等程度。联合国有关组织提出：低于0.2表示绝对平均；0.2～0.3表示比较平均；0.3～0.4表示相对合理；0.4～0.5表示差距较大；0.6以上表示收入差距悬殊。

人类追求豪宅的欲望是相当强烈的，建设部制定的中国豪宅标准是144m²以上，而高收入阶层的追求远不止如此。按深圳2005年人均拥有18m²的住宅面积计算，户均面积约63m²（18m²×3.5人／户），与豪宅标准相差甚远。经济的快速增长和基尼系数的扩大，必然导致对户型面积和豪宅的追求，从而也带动住宅价格的上扬。

3．政府政策导致住宅成本上升

（1）土地拍卖政策

住宅的成本主要由土地价格、本体造价、资金成本、税收、运作成本等构成，其售价则由成本与利润构成。开发商出于对利润和机会的追求，在土地拍卖中对每一轮已经实现的利润空间和期望实现的利润空间进行挤压。因此，房地产利润丰厚的时期即是土地拍卖价格上涨迅猛的时

期。深圳的土地拍卖基本上采用的是英国式拍卖，价高者得，最后得到土地的开发商必然是最乐观地推断房价上涨的最大的投标者，甚至是盲目的乐观主义者，但事实证明，他们都得到了丰厚的回报。

（2）宏观调控政策与打压房价政策

政府的相关宏观调控政策与打压房价政策主要是在控制土地、控制信贷、加重税赋和控制住房标准等方面采取的手段。

在市场经济供需基本平衡的情况下，控制土地、控制信贷、加重税赋和控制住房标准可以起到抑制房价的作用。但在市场经济不充分、供需严重不平衡的情况下，问题要复杂得多，而以上几个方面的措施则直接加大了房地产开发的成本，最终这些投入都要转嫁到房价上去。同时，其也进一步加剧了市场供应不足的感觉，会引起购房者的恐慌。因此，这些调控手段可谓一把双刃剑，需要谨慎地使用。

4．房地产开发商与投资者的炒作

由于城市化进程的影响，中国的人口增加较快、土地供应不足、GDP增长快速而稳定、外汇储备上升、人民币升值潜力较大、国民储蓄较多。这使得国内外都看好中国的房地产市场。房地产开发商与投资者要使其利益最大化，就需要进行最为直接便捷的炒作以获取额外利润。炒作手法不胜枚举，有认筹、赠送面积等，对房价的上涨起到不可忽视的作用。

三、对深圳房地产市场调控的几点建议

1．建立科学的数据统计体系和城市规划体系

数据应该力求客观和准确，统计分析则要符合国际惯例。

2．增加土地开发强度，提高容积率，增加土地供应

深圳的实际人口密度大概为6150人／km²，极度旺盛的住房需求对城市的规划与发展提出了严峻的挑战。深圳可能不会再有大规模的行政区划调整来增加土地储备，城市的土地是有限的。合理的策略应该是严格控制土地供应，增加土地收益，提高住宅单价，控制建筑面积，控制住宅总价。

3．完善住房体系建设

针对人多地少、经济发展趋势良好的实际情况，深圳应完善住房建设体系——建立3级住宅体系：政府公共租赁住房体系、中小户型住房体系与开放型住房体系。

（1）加强政府公共租赁住房建设，解决低收入人群的住房问题。

使"居者有其屋"是政府的天职，其重点应该放在保障性公共住房上，即建设小户型廉租房，令弱势群体"有房住"。

（2）加强中小型住宅的建设，解决中低收入工薪阶层住房问题。

建设中小户型住宅，令中低收入工薪阶层群体买得起房。

（3）继续进行开放型商品房体系建设，满足中产及以上阶层的置业和投资需求。

深圳必将成为一个国际化大都市，高档商品房的需求也将不断增大，因此对于高档商品房的调控应该本着合理规划、控制数量、提高质量的方针而进行。同时，对房地产市场的商品房建设发展要保持合理的土地与金融支持，使得高收入阶层能买得到高档商品房，但也要为此付出相应的代价。

（4）鼓励长线投资、打击短线投机

在鼓励长线投资方面，应该加强二手房市场交易的规范性，建立和完善高效的租赁配套服务体系，控制和把握好其投资的相对稳定性和必要的、合理的投资回报率，尤其是鼓励对新建商品房的投资，舆论也要给予其公正客观的评判。

在打击短线投机方面，应该继续加强"期房限转"、"网上房地产交易"的透明度，收紧房地产信贷，提高短线投机者的资金成本和销售成本，从而降低投机比例，平抑房价非理性上涨，防范市场因过度投机而导致楼市泡沫。

四、结语

房价问题不仅是一个经济学的问题，也是一个社会学的问题。它既体现着供需关系，又涉及到民生和社会的稳定。中国正处在从计划经济走向市场经济的转型期，在住宅价格的设定调整方面，宏观调控的手段是必要的，其目的是使房价更符合市场经济规律、符合城市的可持续发展趋势。我们不能把打压房价看作是"民心工程"，同时也不应该过度地瞩目于房屋价格，因为解决房价上涨问题的关键并不在于价格本身。我们真正需要关注的不是价格而是"住房体系"！

作者单位：深圳清华苑建筑设计有限公司

互动设计
Interactive Design

孟建民 *Meng Jianmin*

当前，现代设计的最终成果是集体智慧的结晶，其全过程需要设计团队、甲方业主、各个审批部门，以及施工建设与设备材料部门进行必要的互动，才能取得一个比较理想的设计结果，这也是互动设计的意义所在。

一、互动设计的理论性阐述

1. 设计师应具备的几种能力

（1）鉴赏能力：设计师对于事物好坏的基本判断能力。

（2）建构能力：设计师利用独特的建筑词汇、建构语言进行设计的能力。

（3）沟通能力：即互动能力。设计师若缺乏沟通能力，将很难创作出优秀的设计作品。

（4）自省能力：设计师对以往经验、教训进行反省和反思的能力。

在做设计的过程中，建筑师常常处于两种状态：一种是个人的独立思考状态；另一种是与相关设计人员之间的互动状态。在后一种状态中，建筑师的沟通能力尤为重要，它是互动设计的重要保证。

2. 什么是互动设计

所谓互动设计是指在设计过程中，设计师（设计主体）与设计相关人（互动对象）通过"对话"来沟通思想与观念、交流知识与经验，以达到互动、互补、相互启发之效果，促使设计成果趋于成熟与完善。

3. 为什么要进行互动设计

从客观方面看，现代设计过程本身就是多角色互动与合作的过程，而各角色之间必然存在着知识与经验的差异与互补；从主观方面看，在设计过程中，各角色之间都需要多方面思想的碰撞、较量与交融。

4. 互动设计的四个基本预设

第一、设计相关人必须在两个或两个以上。第二、设计相关人之间必须存在差异性。相关设计人之间的知识、经验，或者思想品位是有差异的，不可能绝对一样。如果完全相同，互动设计就无从谈。第三、设计相关人之间应有民主对话的条件与机制，不是一种独裁的状态，不是指令性的，而是民主的对话。有相互可以讨论的机制，这样才可以谈到互动设计。第四、设计相关人都有追求理想目标的心理趋向。如果建筑师只想赚取设计费而不追求做精品，这样也谈不上互动设计。

建筑是综合性极强的艺术形式，影响其表现的因子有很多（图1），这使得现代大型建筑设计必然会呈现"互动设计"这一基本特征。因为只有在这种情况和条件下，设计才可能顺利地完成。具体到建筑师而言，他们在这个过程当中与策划师、结构师、心理学家、工程师、营造商、使用者和行为学家等等若干个方面都要进行不断的互动，而其中最基本的互动关系则是同业主之间的互动。同时值得注意的是，不同的设计阶段，会体现不同的互动关系。总

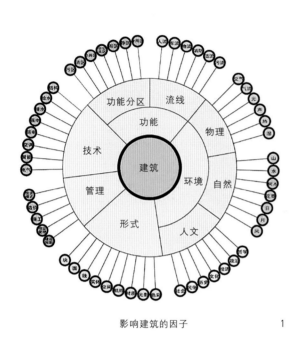

影响建筑的因子　　　　　　1

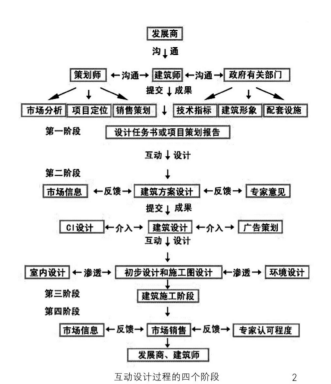

互动设计过程的四个阶段　　2

而言之，设计过程是不断提出问题、不断解决问题的过程，是由粗变细、由浅及深的过程。因此，设计的全过程都需要互动设计(图2)。

二、互动设计的经典案例解析

1.贝聿铭与香港中银大厦

香港中银大厦是贝聿铭在1982年设计的，该建筑1990年建成，用地面积8400m²，总建筑面积13.5万㎡，高369m，共70层。在设计及建造的过程中，贝聿铭与业主、结构工程师进行了充分的互动(图3)。

设计之初，业主要求新银行设计要远超汇丰银行(图4)，必须使福斯特设计的银行大楼相形见绌。同时，新银行必须要象征香港美好的未来前景，代表中国人民的伟大抱负。然而，贝聿铭在具体实施中却面临很多问题：其一是高要求与低预算的矛盾。中国银行预算1.3亿美金，是汇丰银行10亿美金的1/8；其二是用地面积小，周边环境差，高架公路三面环绕；其三是香港极强的风力要求建筑必须要坚固。

贝聿铭起初的构思是把一根方形木杆沿纵向切开，做成四个三角扇面柱，再将顶端切成斜面，用橡皮带把柱绑在一起。当贝聿铭滑动这些柱子，让它们互相分离时，在向上达到柱子四分之一高度的地方，一座体积逐渐缩小、带有壁阶的塔状物出现了；在达到一半高度和四分之三高

度时又分别出现了第二和第三座塔状物。剩下的那根柱子继续向上升，形成金字塔般的顶点。这就是贝聿铭对于中国银行大厦的最初构思(图5)。

带着这一构思，贝聿铭与结构工程师罗伯琛进行了互动，罗伯琛从贝聿铭的建筑灵感中发现了一种新概念的萌芽，即经济实惠的纵向空间框架(图6)。把重量向边缘转移是稳固高层建筑物的一个办法，这样大楼就可以像两腿叉开站立的水手那样经受风暴的袭击。

虽然该建筑的结构和形式已得到了巧妙的解决，但是，在技术图纸的设计过程中，银行给贝聿铭发来电报，对建筑正面展现的众多加了框的巨型"X"深表关注。在中国，"X"意味着遭殃。但是贝聿铭却认为，"X"是该设计中最重要的组成部分，因为是它们支撑起了整座大楼。经过研究，最终贝聿铭把分隔每13层的横向桁架隐藏起来，并十分精明地把裸露在外面的部分描述成一系列互相交叉的宝石，从而得到了业主的认可(图7~8)。另外，在香港，楼层越高，价格越贵。然而贝聿铭却反其道而行之，使建筑越往上，可用空间越小。他赋予了这种行为一个合理而完美的解释："芝麻开花，节节升高，预示希望"，满足了业主的需求。

中国银行大厦在1985年破土动工，以每4天盖一层楼的速度拔地而起。整座超级建筑结构在16个月内完成。1988年8月8日，标志着大楼空中进程完工的封项典礼正

式举行。由于贝聿铭的精心设计,尖顶状的大厦比传统建筑少用40%的钢材和25%的电焊接缝,并且成为了香港地区的新地标。

从该案例中我们可以看出,在互动设计的过程中,建筑师与业主就像一个金币的两面,两者相辅相成、缺一不可,任何一方都不能否定另一方的存在。

2.俞孔坚与"白宫"

湖南某开发商慕俞孔坚之名,请他在一块有山、有水、有丘陵、有林子的地段,盖办公楼和别墅。俞孔坚建议保留原有的山水和树林,再结合地形盖些房子。但是,开发商要求建筑要有白宫般的豪华和气派。房子要造到山顶上,把山底的湖填掉,再在山上建人工水池、喷泉、广场。俞孔坚认为开发商要的是极其庸俗的东西,白宫的图纸有的是,开发商直接复制就可以,因此不屑一做,结果双方不欢而散。

从该案例中我们可以看出,现实并非总是理想、乐观的。在互动设计中,如何把握"互动"的"度"?在何种程度上认可业主的委托条件?这些问题都直接触及建筑师职业操守的敏感区域。

3.伍重与悉尼歌剧院

悉尼歌剧院是丹麦建筑师伍重在1956年设计的,历经17年于1973年建成,总建筑面积8.8万m²。在设计过程中,伍重与结构工程师阿鲁普的互动是该建筑能够最终落成的关键所在。

在设计之初,由于考虑到要从四面八方都能看到这座歌剧院。因此,伍重将整个剧院里的一个音乐厅、一个歌剧厅及一个餐厅的上方覆盖了三组既像贝壳、又像白帆似的屋顶,它们能够较完美地实现预想中的效果。

由于这群造型奇特的"壳"在方案设计阶段仅是建筑师构思的"灵光一现",而没有考虑结构受力和施工方法,因此如何实现它,便遇到了极大的困难。伍重带着这个问题请教了世界上著名的结构学权威——英国人阿鲁普。在基座施工的6年期间,伍重持续与阿鲁普一起为实现这一创造而努力着。前3年,阿鲁普一直设想以各种薄壳来解决问题,如椭圆剖屋面薄壳、双曲剖屋面薄壳等(图9),结果全部失败。后3年,他决定放弃薄壳的设想,转而改用一片片人字形的拱肋拼接(图10),由此获得了最后的成功(图11～12)。

这个典型的例证有力地证明了勒·柯布西耶曾说过的话——建筑师和结构工程师就像丈夫和妻子一样,需要互相理解、沟通与配合,通过共同努力才能创造出优秀的作品。

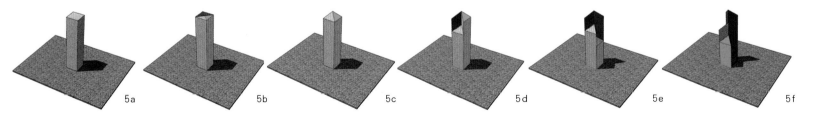

5a 5b 5c 5d 5e 5f

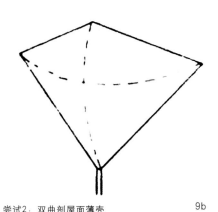

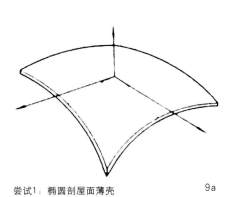

尝试1：椭圆剖屋面薄壳

9a

尝试2：双曲剖屋面薄壳

9b

10a

11

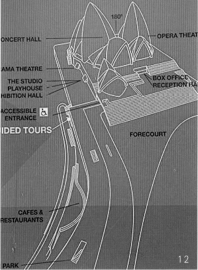

12

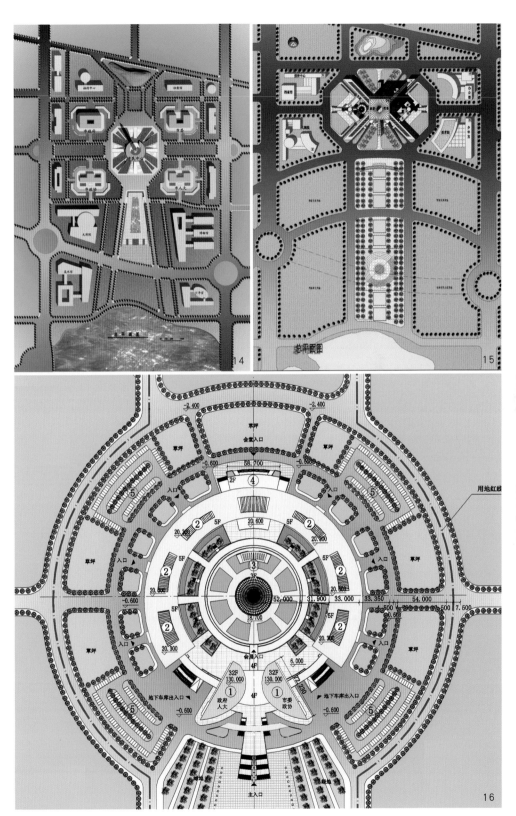

13.建成后的合肥政务中心
14.分散布局
15.集中布局
16.四大班子的布局示意(实施总平面)

17a、17b、17c.低体量建筑探讨
18.最终确定的高体量建筑形式

4.合肥政务中心

合肥市政务中心是一个国际投标项目，最后由深圳市建筑设计研究总院胜出。该建筑于2005年建成，总建筑面积22万m²（图13）。而其整个设计过程则完美地体现了建筑师与业主的互动关系。

（1）建筑布局

起初业主对采取分散还是集中的建筑布局并没有概念，建筑师因此分别做了分散与集中两种模式的设计，并以此为基础与业主进行了相关互动。此后大家得出了共识，为了节省用地，合理使用已有的空间资源，最终采用集中式布局（图14～15）。

（2）建筑体量

在项目设计的早期，建筑师便做了一些具有高、低不同体量的建筑模型。通过与业主的互动，并邀请一些资深专家做了评估后，他们认为如此长的地块会显得非常空旷，如果搞一个很低的建筑恐怕难以收住，最后选择了高层建筑（图17～18）。

（3）四大班子的布局如何分配

市委、市政府、人大、政协四大班子都希望能由主路口进入自己的办公楼。设计最终采用了可以协调、平衡各方要求的一种方式，即各部门人员全部从正南进，并将市委、市政府、人大与政协分别设置在两栋高层建筑之中，由此得到了业主的认可（图16）。

通过几轮的互动后，项目建筑的基本形态便产生了。

18

但是业主、专家以及领导认为这种形象太轻薄，主楼间距太近，中间的联廊实际功能意义不大，千人大厅摆在中间对周边环境影响较大。因此之后总院就方案又与各方做了进一步的深化与互动，从而形成了现在的建筑形态。在此设计的整个过程中，有些业主单位的意见，建筑师听取了；也有建筑师坚持了自己的意见，业主听取了。总之，最后结果是比较理想的，因为大家都在追求一个理想的状态和目标。

结语

由上文所论述的互动设计的基本理论与事例分析，我们可以总结出其需遵循的8点基本法则：1.尊重对方；2.换位思考；3.利益、目标的一致性的表达。在利益与目标不一致的情况下要多形式表达，不要一开始就否定；4.树立建筑师的专业威信，这种威信的建立是非常重要的；5.间接说服；6.用时间缓冲矛盾；7.放弃或做有原则的妥协；8.换一种思路，并非走不通，自我反思。

总之，互动设计的最根本目的就是强调设计过程当中应该具有一种合作机制，因此建筑师要充分注重沟通能力，它是互动设计的重要保证！

作者单位：深圳市建筑设计研究总院

1.1953年，石硖尾村的大火，使53000人顿失家园，香港的公营房屋由此揭开序幕
2.1950～1965年代的徙置大厦
3.1970～1990年代房屋署采用标准式的设计
4.从新的千禧年代开始，房屋署已转向"因地制宜"的设计模式

通用设计：香港公营房屋的"新住区"
Universal Design："New Community" of Hongkong Public Housing

卫翠芷 *Wei Cuizhi*

一、引言

香港公营房屋发展了超过半个世纪，从1953年为解决火灾顿失家园的灾民（图1）、及后不断涌入的移民、等候上岸的船民艇户、低收入的家庭，以至渴望拥有自己物业的社会基层，房屋署都努力不懈地以最高效率的设计，多、快、好、省的建造方法，配合多种利民的政策，有效地从"量"到"质"方面，照顾居民所需，令他们安居乐业。

香港公营房屋的"新住区"应该朝着什么方向进发？这是一个错综复杂而需要整体社会共同研究的课题。近年，由于建屋量的需求稍缓，我们可以重新从多个领域思考公营房屋的问题。

在政策制定及施行方面，公众参与和强调企业社会责任等，已是不可逆转的社会共识。在硬件设计方面，现在追求的不单是建屋的数量和质素，也逐渐着重建筑风格，讲求可持续发展。当然，"实而不华"依然是公营房屋的主要设计方针。

从新的千禧年代开始，房屋署已转向"因地制宜"的设计模式，而非一贯采用的标准式设计（图2～4），务求切合不同地理环境及居民生活起居的需要，更有效地使用有限的资源。在环境保育方面，房屋署推行了微气候研究、生命周期研究、废物分类、硬地施工、多样性生态保育等。

而在社会生态上，建立共融社会至为重要。在这方面，房屋署从2002年起便推行"通用设计"，希望在公屋的设计上，能适合不同年龄、不同能力的人士居住，无论老幼残疾，都能居住在同一屋檐下，不分彼此。

二、通用设计

"通用设计"（Universal Design）这个名词大概流行只有十多年，却已在美加、日本等风行凌厉。然而，学者对通用设计的概念仍有多种不同的诠释。在欧洲，很多人会把这种设计概念称为全人设计（Design for All）。也有一些学者称其为共融设计、终生设计或跨代设计……在某种程度上，这些都反映了这种设计的若干特点，与及大家对这种设计的取向和期望。

通用设计的出现是由于两次大战后，遗留下无数残疾人士，加上人权的觉醒，意识到平等参与的重要性。正如一些学者说，世上没有残疾的人，只有令人残疾的环境。是的，由于矫视眼镜已极为普遍和方便，近视眼、老花眼，在很多人心中，已忘记它们其实也是残疾的一种。同样地，如果我们把环境设计得令残障或年老体弱的人士能方便使用，他们便不会因为环境不适合他们活动而变得残废。

香港的情况，除了这些因素外，更重要的是人口的快速老龄化。香港的女士在出生时的生命预期为85.6年，而香港的男士在出生时的生命预期则为79.5年，均占全球首位，诚属可喜可贺。但当在未来的廿年内，年满60岁的长者会成为香港人口的1/3时，我们的社会便不能个迅速地

5.6.1990年代中期，房屋署兴建的长者住屋，包括独立厨厕的小单位及宿舍类型等
7.把查询柜台的高度降低，方便小童和轮椅使用者并能为一般大众接受
8.把淋浴喷头安装于垂直滑杆上，可方便不同高度的人士使用
9.较大的船形电力开关功用显而易见，容易操作
10.简单清晰的指示牌，或辅以图形符号和摸读标志，能有效地传达讯息
11.楼梯级面和梯级边缘选用对比颜色，有助视力欠佳人士安全
12.门铃等装置安装在适当高度，方便幼童或轮椅使用者
13.通道大小和空间都能适合使用者行走、触摸、运作及使用

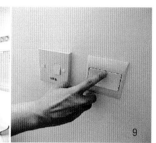

为这个前所未有的老龄化社会作出准备。

为此，在20世纪90年代中期，房屋署曾积极兴建不同类型的长者住屋，包括独立厨厕的小单位及宿舍类型的长者住屋等（图5~6）。由于这些特殊设计的居住单位在编配时的灵活性低，加上长者们普遍希望能与家人共住，很快地，我们明白这个不是最终能解决问题的办法。

从2000年开始，我们积极研究"通用设计"的可行性，由于这个设计概念是让每个住宅单位均能应付不同需要的人士居住，便成为我们的不二选择。在2002年，房屋署决定把这个概念全面在新设计的屋邨推行。

究竟"通用设计"是什么呢？"通用设计"本身是一个设计概念，可以应用于市区规划以至消费品等各项目上。在1997年，美国北卡州立大学通用设计中心（The Centre for Universal Design, North Caroline State University）发表了通用设计的七大原则，现在让我用住宅设计的例子加以阐释如下：

（a）均等使用（Equitable Use）──产品设计适合不同能力的人士应用及被他们接受。例如：把查询柜台的高度降低，一方面可方便小童和轮椅使用者与管理员沟通（图7），另一方面也能为一般大众接受，不会造成不便；以升降机代替自动扶梯或楼梯，除了方便轮椅使用者外，也可兼顾婴儿手推车或货物搬运等。

（b）灵活运用（Flexibility in Use）──设计能迎合不同

人士的喜好及满足不同能力人士的需求。例如：把淋浴喷头安装于垂直滑杆上，可方便不同高度的人士使用（图8）；出入门口等的透视嵌板以垂直式设计代替水平式设计，方便身材矮小的人士。

（c）简单直接（Simple and Initiative Use）──设计的使用方法容易明白，无需经验，亦不论知识、语言能力及专注的程度也可使用。例如：推杆式门把手的功用显而易见；较大的船形电力开关等均容易操作（图9）。

（d）讯息明了（Perceptible Information）──无论周遭环境和使用者的感官能力，设计均能有效地传达讯息。例如：简单清晰的指示牌，或辅以图形符号和摸读标志，可指引各类访客前往楼宇各处（图10）。

（e）兼容错失（Tolerance for Error）──尽量避免令使用者因意外或无意中过劳而遇上危险。例如：楼梯级面和梯级边缘选用对比颜色，有助视力欠佳人士安全地上下楼梯（图11）。

（f）低耗体力（Low Physical Effort）──可供使用者舒适有效地使用，避免疲累。例如：把电插座安装在离竣工楼面900mm以上的位置，使用者便无须弯腰；把电力开关、门口对讲机和门铃按钮等装置安装在离竣工楼面1100mm的位置，可方便幼童或轮椅使用者使用这些装置（图12）。

（g）畅达通行（Size and Space for Approach and Use）──不论使用者的身型、姿势和活动能力如何，通道大小和空间都能适合使用者行走、触摸、运作及使用（图13）。

例如：设置较低门坎和斜路，并确保门户和走廊的宽度充裕，方便各类人士，包括使用轮椅和步行辅助器的人士进出。

三、"通用设计"——香港公营房屋的演绎

房屋署把以上通用设计的原则应用在香港的公营房屋上，目标是使房屋的设计能配合住户在不同人生阶段上的需要，即使步入老年、行动不便，或身体出现残疾，仍不会因环境或屋宇间隔的问题，而要迁离原居单位。这个概念最重要的便是可以实行"原居安老"，让长者可以继续在他们熟识的环境及与家人同住。由于我们在设计中已包含了能方便老龄退化或身体残疾，以及各种适合不同能力的设计元素，与此同时，这些设施也不会对一般居民带来不便，家庭成员便可融洽相处。

有关香港公营房屋对通用设计的演绎，现简述如下：

（a）无障碍通道

从大厦入口到升降机、住宅单位、睡房、厨房和浴室各处的入口和通道，必须全无障碍（图14），当使用步行辅助器或轮椅时仍能使用；所有地面若有不同高度，必须加设斜道、升降台或升降机等；门坎的设计，亦要以轮椅通过时不会翻侧为原则（图15）。

（b）确保家居安全

能确保家居安全，才可使各类能力的居民，不须时刻由别人照顾，而可自由自主地生活。

所有地面，尤其是湿滑的浴室地面，都使用防滑地砖，以防止不慎跌倒。浴室是长者或残疾人士家居意外容易发生的地方，故此，扶手杆的设置是必需的，可以帮助他们在如厕或洗澡时，支撑身体。

厨房的门，我们亦要求上下必须安装透视窗，方便观察门后的情况（图16）。避免当手上拿着热腾腾的饭菜或汤饭时，在未了解门后的情况，而开启厨房门，被碰撞而打翻食物造成的危险。

在老龄人口密度较高的长者住屋中，出口楼梯附近亦设有庇护间，遇上火警时，可以在庇护间停留，以等待救援。由于长者们的能力各人不同，在此等情况下，从楼梯逃生，也可以造成各样的危险。公共走廊沿途亦应设有扶手杆，可使长者或体弱人士在有需要时扶着，稍作休息。

（c）方便使用

除了必要的无障碍通道及家居安全外，方便使用亦是在通用设计中不可忽略的。我们在设计时必须考虑不同能力人士的需要，使他们能舒适地生活。例如在浴室方面，设有推杆式的冷热水龙头、滑动式的淋浴喷头和淋浴座椅等（图17）。

在电器配件方面，特大的轻触式电灯开关、门铃按钮，除了是时尚外，亦方便使用。提高电源插座及降低电灯开关、门口对讲机、防盗眼等，都可以方便使用者不用俯身或攀高，便能舒适地操作这些电器配件。

推杆式的门把手亦可以方便长者们即使在风湿病发作或手拿重物时，仍可轻松地使用。

在公用地方，所有层数指示牌、信箱入口、对讲机等，应用大字体及比较强烈的颜色对比，使视力较差的人士们都能看到（图18）；楼梯的梯级边缘更应以鲜亮的颜色，清楚地提示梯级的变化。

（d）室外配套

除了家居设计要达至安全、无障碍和方便使用的设计的目标外，屋邨内的室外配套设施亦非常重要。否则身体残障或年老的人士便无法外出，与外界疏离，不能融入社会。

所有屋邨的主要通道必须是无障碍通道，即是说轮椅及使用行走辅助器的人士亦可畅通易达。无障碍通道从主要的运输交汇点、公共汽车站、地铁站等，连接商场、街市、屋邨办事处、社福设施，以及各住宅大厦的入口等，必须畅通无阻。当经过不同高度的平台时，会有升降台、升降机或斜道连接。

除了照顾行动不便的人士，我们亦沿途设置弱视人士的可触觉引路带、摸读地图及广播等，使弱视人士可以凭自己的能力，自由自在地根据自己的意愿在屋邨内活动

14. 出入口和通道，必须全无障碍
15. 门坎的设计不可过高及必须有斜边，以方便轮椅通过
16. 厨房的门，我们亦要求上下必须安装透视窗，方便观察门后的情况

（图19）。

屋邨的花园内，都广种树木和各式花卉，让小鸟、昆虫栖息。在凉亭或有盖的连廊设有座位，让居民纳凉，欣赏四时花木，喂食池中游鱼，与友好攀谈，或奕棋为乐。从视觉、听觉、触觉等方面使不同能力的人士受惠（图20）。

儿童游乐场亦会考虑不同能力儿童的需要，在不同的位置、高度，摆放适合不同能力的儿童游乐设施，使行动不便、弱视、弱听等儿童亦有机会分享各种游乐设施（图21）。

这些室外的配套设施，直接影响到老年人及伤残人士伸展自我空间，融入社会的机会。而上述室内的一些看似微不足道的设计，对于有需要人士的日常生活却带来无穷裨益。而正由于这些单位能适合所有不同能力人士的需要，故无须一如以往，兴建不同类别的住宅单位来应付不同的居住需要，加强了分配的灵活性及确保资源更有效地运用，更能持续发展。

四、经验反思

在过去数年实践通用设计的经验中，我有以下的反思：

1. 由于香港的情况特殊，住宅单位的面积以至公共通路的宽度等，都比其他地方狭窄，所以我们不能把其他地方的例子原封不动地在本地实施，必须重新思考，并加以本地化。例如轮椅活动空间，必须因地制宜，未必可以在每个空间均能360°转弯等。或者，如触觉性引路径，由于出入口或升降机大堂等比较狭窄，引路径或危险警告带的铺排需要作出适度的修改以配合实际的情况等。

2. 资源不会是无限的，当考虑提供通用设计的设施，而需要平衡各方面的资源运用时，我们应以该设施能惠及大部分人而又不会对其他人士造成负面影响的设施为优先。而一些只有少数人受惠而与其他人毫无关系的，便可以在有需要时再作个别考虑。

3. 要真正了解弱能人士所需，我们不能闭门造车，单以自己的想象力行事，必需要咨询用家的观点。不同残疾人士有不同的需要，有些个别的要求可能令其他人感到不

便，这些都需要不断的相互协调和磨合，以达致一个共融的设计。

4. 要使"通用设计"确实执行，各方面的努力是非常重要的。首先设计者必须要掌握通用设计的技巧。另外，社会上的人士必须理解通用设计的目的，必须尊重不同能力人士的需要，并以建立共融社会为目标。而不同能力而有特别需要的人士，亦需要耐心及包容理解在有限的资源下，设施的提供不能一蹴即至。

五、小结

由于通用设计可有效地为香港人口老龄化作好准备，并且能加强我们的住宅单位可持续发展，虽然每天仍有不断新的挑战，我们仍会继续为提供更优化的通用设计住宅而努力。

参考文献

1. Hong Kong Housing Authority. Design Guidelines for Universal Design Approach. Hong Kong: Housing Department. (Internal document, unpublished). 2005

2. Preiser, Wolfgang F.E. editor in chief. Universal Design Handbook, New York: McGraw-Hill. 2001

3. Yeung, Y.M. and Wong, Timothy. Fifty Years of Public Housing in Hong Kong, Hong Kong: The Chinese University Press. 2003

4. "About Universal Design"
http://www.design.ncsu.edu/cnd/about_ud/about_ud.htm

作者单位：香港特别行政区房屋署

17. 推杆式的冷热水龙头、滑动式的淋浴喷头和淋浴座椅等 方便不同能力的人士
18. 应用大字体及比较强烈的颜色对比，使视力较差的人士们都能看到
19. 可触觉引路带、摸读地图及广播等，方便视障人士
20. 花园的设计，从视觉、听觉、触觉等方面使不同能力的人士受惠
21. 儿童游乐场亦会考虑不同能力儿童的需要

以绿色思维创新绿色住区设计

Design Green Community with Green Rationale

叶 青 *Ye Qing*

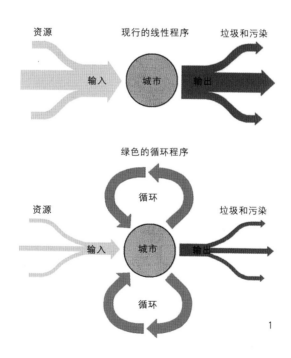

1

一、绿色建筑

面对能源与环境危机，走可持续发展道路，成为各国的共同追求。发展循环经济已成为我国的发展战略，绿色建筑作为建筑领域循环经济的具体体现，如何科学地实现，需要我们思考。中国面临的问题、可能的解决方法和所能凭借的现实条件都决定我们不能照搬发达国家的做法，中国是从农业经济跨越到知识经济时代的，特别是我们目前处于城市化进程的顶峰期，也是设计大跃进时代，中国的绿色建筑如何在市场化运作下发展，建筑师不仅要关注高端技术支撑下的实验建筑和示范建筑，更要关注大量的基础造价下的建筑如何成为绿色建筑。

绿色建筑是指在建筑的全寿命周期内，最大限度地节约资源、保护环境和减少污染，为人们提供健康、适用和高效的使用空间，与自然和谐共生的建筑(图1)。

绿色建筑强调空间和时间上的全面性：1.空间上的全面性：建筑对生态环境的响应从能源方面扩展到全面审视建筑活动对全球生态环境、周边生态环境和居住者所生活的环境的影响。2.时间上的全面性：审视建筑的"全寿命"影响，包括原材料开采、运输与加工、建造、使用、维修、改造和拆除等各个环节。

现在很多项目为评级量而做"绿色建筑"，因此就出现了技术"冷拼"、戴"绿帽子"、忽视成本、为做技术忽视建筑本身的功能和艺术性等误区。实际上，不合理的设计等于最大的浪费。例如把太阳能路灯放在榕树下不知光电板如何能发挥作用。绿色建筑不仅仅是技术,更重要的是价值观,是对生活态度的改变,在设计阶段如何真正体现绿色建筑根本性的价值观,是对项目可持续贡献很重要的环节,也是以较小的成本代价最大限度控制消耗量关键的一个环节。

二、建立在绿色思维上的设计观

绿色思维是以″创新为魂″、″平衡为本″的思维模式创新性地从事建筑设计活动。限于种种条件,建筑师不一定能够全部设计完整意义上的绿色建筑,但我们可以也应该以绿色思维从事每项建筑设计活动。绿色思维的根本:第一是创新,第二是平衡(图2)。

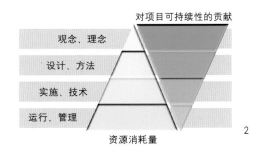

2

1.创新是绿色建筑设计之魂

观点本身是无形的,但是最大限度决定了项目最终的成果。这种创新将对绿色建筑设计的理论、方法、内涵都会产生一种革命性的冲击:观念更新,内涵增加,方法改变,甚至设计管理体系也会随之而变化。观念更新体现在价值观的改变、审美观的变化以及对职业的再理解等方面;内涵增加包括全寿命周期的设计、施工、运营、拆除的内容,同时高新技术含量增加,涉及新型学科增多;方法改变体现在不同的设计方法与经济和文化发展形式相联系。

观念更新、内涵增加以及方法改变,这部分是软性的。而绿色建筑的推行要用到的新技术、新材料、新设备、新工艺是属于硬性的,与投资造价密切相关。对软性技术的创新应该引起高度关注,这是以最少的资源代价获取最大效益的关键控制点。

2.平衡是绿色设计的核心

在建筑设计活动中的平衡有纵向的平衡和横向平衡。对于项目的全生命周期,从建设到拆除的全过程,在设计阶段都要全面考虑,而不仅仅将设计停留在完成施工图将

房子建成。在横向平衡中,我们可以看到与绿色建筑有关的节地、节水、节能、节材、室内空气品质、运行管理等,实际受制于功能、造价、形式以及政治、经济、气候、人文管理等等诸多因素的制约,所以绿色建筑一定是平衡的结果(图3),建筑师不一定在每个要素做到最好、最精,但要综合最优、整体最优。

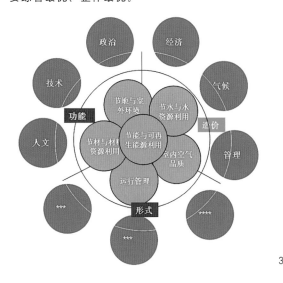

3

创新、平衡之下的绿色建筑设计应提倡″精宜之道″。″精″,是指常规技术精细化:具体项目具体分析;分类分级分层思考技术策略;定性定量验证;从经验中挖掘、提升常规技术的效能,减少资源的浪费。″宜″是四新技术应用适宜化:风险管理意识下、与项目定位匹配的四新技术应用。新技术应用一定会有风险,不能因″新″而盲目应用,也不能因为有风险就不用。科学的做法是:针对项目本身具体情况具体分析应用的模式和范围,控制和化解风险。做到″精宜之道″需要在工作模式上进行改变。比如集成化的工作模式、数字化的设计手段、科学化的逻辑判断及持续化的效能验证。而集成化在精宜设计中非常关键,集成化不仅是设计自身,实际是从源头开始,建设方、设计者、使用者要共同参与。如果设计出的建筑在功能上、使用上不能被使用者认同,很快新建筑会被改造,造成资源浪费。另一方面,资源节约和高效利用源于各学科的集成而不仅仅是应用一项技术或设备。比如应用高性能的钢筋是节材措施,但建筑结构合理、降低含钢量、少用钢筋混凝土,本身就是节材,也可降低造价。这更需要设计过程中的精细化,避免为戴″绿″而进行技术″冷拼″或为″绿″而″绿″。

三、龙岗体育新城安置小区案例分析

龙岗体育新城是深圳市为申办大运会而建设的安置区，为5个村拆迁安置500户居民（图4）。因为是政府投资，资金有限，工期非常短，需求也非常特殊。在整个项目过程中，我们清晰地认识到对项目的分析和认识定位非常重要。原居民对设计的满意度会影响工期，同时引发巨大的社会反响，风险很大，但是不能因为有风险而放弃从事绿色建筑设计的努力。我们的目标是：通过规划与设计阶段的精细化设计，利用低成本技术实现节能与绿色目标；获得国家《绿色建筑评价标准》认证，建设成为市、省甚至全国安置小区的示范工程。工程设计上采取集成化、精细化设计和适宜的新技术。

1．集成化设计

（1）多角色集成设计

成立专门的沟通组、设计组等3班倒，不因为工期缩短而降低质量和内涵。与建设方、村民进行方案沟通，为了更好地与村民沟通，我们专门选派了有相同语言背景的建筑师参与沟通。为满足原住民提出自住房与出租房要分开，每个村要相对集中的要求，针对用地紧张的情况，我们将相对比较安静的东部设计为自住区，西侧为小户型出租区，正好5个村按南北陈列，通过道路、景观、幼儿园、会所等公共设施来间接区分，而不是用围墙生硬划分。既保证了整个小区一体化设计，又满足了居民的基本需求，当然也包括户型要求。

（2）多学科集成设计

从方案阶段开始，不仅是建筑师，还有结构、设备各专业提前参与，同时有社会学、植物学以及其他学科的知识引入，努力在很短的工期里提高项目技术含量。

（3）多技术集成设计

如地下室自然采光与自然通风的有机集成（图5）。是外充分利用自然通风与防噪措施的综合集成。雨水收集、中水处理与人工湿地、景观水体自净系统等的集成等。

2．精细化设计

采用数字化手段，从定性判断走向定量验证，力图把常规技术做精，提高舒适度，同时节约资源。例如对小区及各户型的自然通风、自然采光、噪声等进行了精细核算，调整设计。为避免西面城市道路的噪声影响，在建筑布局上，我们将建筑设计成折线，功能定为单身公寓，既形成组团、院落空间，又使建筑自身成为小区的噪声遮挡屏障。并在户型上用走廊和厨房对噪声进行二次遮挡，不影响卧室的使用，在阳台等细节设计方面也综合考虑了技术要求（图7）。利用湖面做人工湿地，结合MBR技术作中水处理，降低　次性投入和运行费用。此外，在环艺设计、围护结构节能设计等方面都作了精细化的设计（图8）。

3．适宜的新技术的运用

根据项目的实际情况适当选用新技术如：人工湿地技术、半集中式太阳能热水利用技术、MBR法中水处理工艺、沼气利用等等（图9～10）。该项目按照国家绿色建筑评价标准预估，有望达到三星级，项目的总投资为10亿，其中绿色建筑增量成本为6150万元，占总投资额的6.15％。目前我们面对的更大的挑战是怎么在很短的施工工期和现有的招投标体系中真正把设计图纸内容完全落实。

近年来，我们一直秉承绿色思维设计观从事建筑创作，完成各类绿色建筑设计与咨询项目200万m²。通过这些实践活动，我们更加意识到，思维决定行动，观念决定出路。作为设计团队，在整个国家的产业链中，我们并不是强势群体，但是我们仍要以高度的历史使命感和社会责任感尽最大的努力，用绿色思维创新绿色建筑设计，用智慧和汗水为社会节约资源，回报时代赐予的机遇，为国家的建设做出我们应有的贡献！

4

作者单位：深圳市建筑设计研究总院

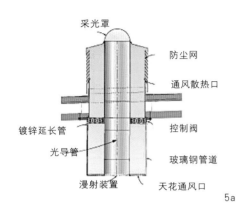

5a

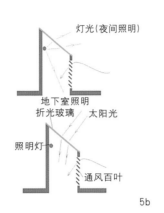

5b

6

7

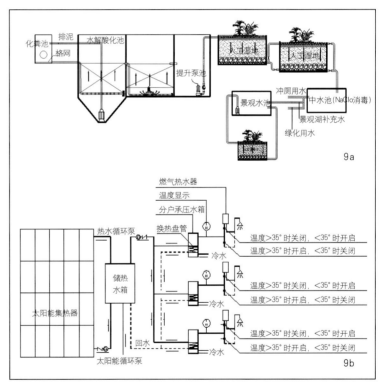

9a

9b

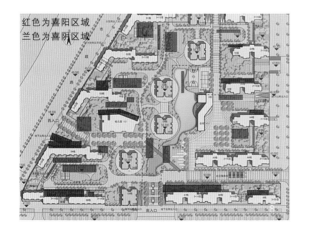

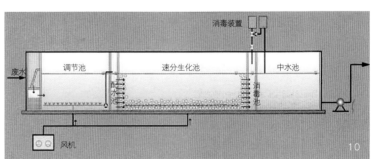

10

红色为喜阳区域
兰色为喜阴区域

用心的平实

——清华校园学者居住空间设计研究

Diligent Modesty
Study on Scholar's Living Space Design in Tsinghua Campus

庄惟敏 *Zhuang Weimin*

[摘要]本研究通过对特定人物活动行为模式的研究，探讨校园环境中特定空间的居住行为的特征，发掘与行为特征相适应的空间构成，分析空间环境的独特性以及建筑的语境，以此为依据进行校园特定环境的居住空间的营造。本文以实际项目清华大学专家公寓的设计为例，分析清华学者在校园中的生活活动模式，结合校园规划创造具有特征和归属感的居住环境。

[关键词]都市、校园、空间、行为、居住、清华、别墅

一、地域特征及清华的意象

水木湛清华，慧谷聚贤人。

1911年建校时的清华园原本是清皇室的一座园林，院内有工字厅建筑。最早的游美学务处设在这里，后改名为清华学堂。这里景色秀丽、风光旖旎。既有中国古典建筑的端庄和古朴，又有古希腊罗马、文艺复兴时期建筑的典雅和恢弘。在清华园的中心区域，上世纪20年代清华国学院的四位导师，除梁启超住在城里外，王国维、赵元任、陈寅恪都曾在此居住过。杨振宁先生当年随着父亲沿着荷花池畔的小径行走在去科学馆的路上，杨先生说过，他曾爬过这里的每一棵树，对每一棵草都是那么的熟悉（"生活从这里开始——忆我儿时的清华园"唐贯方先生之子唐绍明，曾任北京图书馆常务副馆长）。

清华园的意象博大、开阔；中西合璧，多元文化在此

融合；建筑群体多以院落式围合空间为主，构成了校园空间的基本肌理；建筑单体多以灰色砖墙为主要建材饰面，淡雅内敛的色调在绿荫环抱的环境下，形成了厚重大气的北方校园风格。

今天的清华大学校园面积已是1911年建校之初时清华园的10倍，建筑风格也多种纷呈，许多现代建筑与环境相融合，新老建筑遥相呼应，也彰显着清华兼容并蓄、海纳百川的风范。

在清华大学实现跻身世界一流大学的宏伟计划中，引进人才，特别是引进世界顶尖级学者、诺贝尔奖金获得者，成为一项具有战略意义的举措。世界著名的学者作为清华园第一尊贵的业主，入驻清华大学校园是清华实现宏伟目标的一个重要环节。它不仅使学者们在清华园这样一个有悠久历史和丰富文化背景的环境中能够方便地工作、研究，为学者提供便利的生活空间；同时也可因校园中著名学者的憩居，给今天的清华园带来特有的人文景观。可以说，清华大学专家公寓的建设不仅是居住建筑的单体建设，更是人文环境的建设。

清华大学专家公寓就选址在具有浓厚人文色彩和独特自然景观的清华园的中心地带——胜因院，为学者们提供研究、交往、生活、创作的良好环境。

二、目标客户群居住行为中的特征行为模式

在林林总总的大学中，几乎每一所大学都能非常明确地告诉你，自身具有什么样的办学理念、特色和成绩，但只有一部分大学有自己独特的"精神"。这种大学精神是难以言说的，但又是具体可触的。它能将具有不同思想、文化、专业背景的知识分子凝聚在一个目标下，在大学遭遇艰难曲折时升华为一种顽强的亲和力和奋斗力。在这样的大学受过教育的人，会长久地怀念它。在这类学校中，清华可以说是较为突出的一所。海内外凡是清华人足迹所到之处，都建有"清华同学（校友）会"。这点没有一个大学可同清华相比。中国大陆和台湾在政治上两相对峙，但在海外所有的同学会都是两岸清华共居一个组织。在同学会中尽管大学的政治、思想、观念有所不同，但仍然可以和睦相处。什么原因？就是有一个共同的"精神"把他们联在一起，这就是"清华精神"（摘自徐葆耕《大学精神与清华精神》）。

杨振宁先生作为第一位入驻清华园专家公寓的学者，从小就是生活成长在清华园里。清华大学专家公寓的主人们有些从前就是清华的人，有些即将成为清华的人，清华大学、清华园、清华文化和清华的一草一木都会使他们成为清华的人。我们考据历史、观察今天，不难归纳出清华人的意象——不同于其他任何人的意象，也因之形成了清华人的行为特征。较沉稳含蓄的外在气质，较少的浮夸外显；较多的文人气质，较少的商人气息；追求实际，注重实效，反对表面文章；既有国学根底又深切了解西方文化；既不是卫道士，又不是西方文化的搬运夫（王瑶教授语）。我们可总结如下：

- 学者的风范，儒雅而深厚；
- 执着的精神，自强而不息；
- 内敛的心态，厚积而薄发；
- 团队的意识，沟通与协作；
- 平实的状态，朴素而务实。

学者们的居住行为是平实的。他们像所有居民百姓一样要有一日三餐，要有良好安静的休憩环境，要有阳光，要有清新的空气，居住空间要有良好的朝向，要能最大限度地与自然交流，要有不一定美丽但一定不能碍眼的景观环境，如此等等。学者们作为今天的普通的业主，他们应具备普通人通常的物质要求。但在这种平实中又透出学者们特有的行为特征，读书研究的空间——书房是他们居住活动的中心；他们希望有完全属于自己的空间，能在其中不受任何干扰地工作与研究；另外一方面，他们又渴望交流，一个观点、一个假设、一个推论、一个实验，他们希望只要愿意，就能一步跨出自我的天地，觅来若干抑或一群教授学者们在属于他们的领域内争论畅谈。梁思成先生素来就有在家开教授会的习惯。几位先生散散地围坐一堂，轻松自如地侃谈着、争论着，若干精辟论断及学术成果的萌芽便在这种交流中诞生。它是学者们生活研究的一个重要环节，更是学者们的一种生活特征。清华园里的学者们已经将它沉淀为一种生活状态。

无论是上个世纪为振兴中华民族而留洋海外的先辈，还是今天走出清华大学校门的莘莘学子，清华园给他们的应是他们一生中最值得保留的财富。校园环境的营造应能够以重现、启发、联想激起他们作一个清华人的自豪、骄傲和光荣感。

三、建筑表达的语境与特定空间的营造

1．清华作为一种精神与象征

项目将清华的精神作为规划设计的一种贯穿始终的指导精神，并非以清华园中既有的元素、景点和建筑形制作为建筑的布景。清华在这里是一种至高的象征。

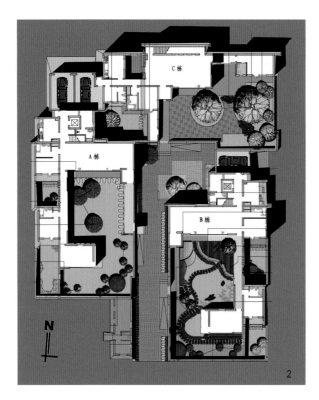

2

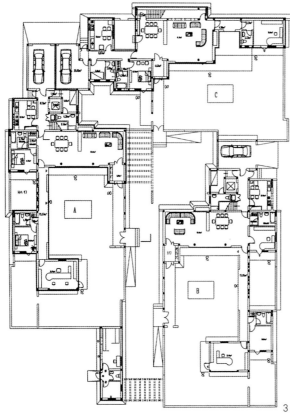

3

2．建筑风格的基调源于清华园的空间意象

清华大学专家公寓的风格，源于对清华园整体意象的综合与提炼。

● 中西合璧，多元文化的融合；

● 灰色砖墙，质朴而内敛；

● 院落式围合空间，营造私密、半私密、公共交往的有较强归属感的特性空间。

其质朴、内敛、深厚应是主要的外在表象。而内部空间则强调功能完善、布局合理、便利高效的原则，体现兼容并蓄、博采众长。

3．合院式布局，契合校园肌理

北京传统居住建筑多以四合院形制为主，清华园中照澜院一带单层居住建筑多为此类，形成了校园核心区传统建筑的空间特色。项目设计继承了这一格局，沿袭校园老区的空间氛围，但不是简单的模仿和拷贝。特别是在研究学者居住生活行为模式的基础上，提出三合院且三户合围的空间布局设想，既尊重校园大的空间肌理，又巧妙营造出与学者行为特征相适应的，具有归属感的半公共、半私密的交往空间环境。公寓单体既突出单体的私密性，又具有校园交往空间的特征。内部除一般的起居空间外，还重点设有书房、loft、客房、内院等，以符合和满足学者的生活工作习惯。空间格局关注学术交往与学者独自冥想的特征，半私密半公共的交往空间的营造，会给居住环境带来非同一般的空间感受。这种空间布局理念与手法从根本上不同于当前房地产开发中别墅区用地划成方格子，一亩三分地一户，各不相干，毫无联系的模式，也充分体现了清华园中专家学者居住的不同一般的特点。

4．建筑的总体风格强调人文与生态

项目设计以尊重环境为根本；体现文化的内在气质为宗旨；质朴、清雅、平和、亲切为总体基调，结合现代科技的发展充分体现以人为本的设计理念。

公寓一期二期的主入口均设在南面，道路系统便捷流畅而经济。在满足日照间距的基础上，尽量扩大宅间绿地。充分考虑清华大学的人文环境，学者日常生活的起居习惯，以三围合院的虚实空间布局，创造了亲切宜人的邻里交往场所感。这一设计形成的半公共交往空间为学者提供了授课闲暇之余相聚切磋交往的场所。半围合的高低错落的院墙，与竹林、绿化、建筑相掩映，既适应北方的气候特点，又与校园肌理相吻合。院落式的布局，使各主要房间均可享受到充足的阳光和相对独立的绿色庭院，二层的住户还可享用宽敞的二层屋顶平台。地段内植被丰富，庭院中保留了高大的现状树木，老树与新竹相映构成人工环境中丰富的自然景观。

设计注重空间的完整、合理和创新。注重以人为本，充分考虑学者的生活特点和习惯，起居与卧室部分分区明确，动静分离。书房由一条暖廊向起居室南侧花园伸出，形成相对安静独立的研读空间，既与起居室隔院相望，又有良好的采光。二层楼均设有电梯，充分考虑以人为本的原则。

5.语汇、符号形象表达

在清华园意象的总基调上，建筑体现了象征、归属感、领域感的人文气质，表达出一种学者儒雅平和的品格。

在方案设计进行当中，杨振宁先生非常关心。经常亲自对方案进行提出修改意见，并与设计师进行沟通。杨先生认为，清华园中学者的公寓不是豪宅，不是旁人靠近不得的深宅大院，要表现出质朴、谦逊、与环境融为整体的状态。由于建筑单体体型系数过大（0.6），为提高保温性能，设计中采用了外保温方式。考虑外保温实施外挂较厚重面砖的困难，立面采用涂料作为外饰，以朴素内敛的手法和色彩进行处理。淡灰色涂料墙面及清水混凝土本色压顶线脚，均体现公寓主人清雅、平和、深邃、睿智的文人学者风范。由于总建筑面积的要求和日照间距的限制，建筑单体在空间组成上南低北高，呈退台状布局，建筑群整体高低起伏、错落有致、舒朗恬淡、掩映在绿树丛中，显得格外朴素大方、清新优雅、安静闲怡，彰显学者们的文化品味与清华校园的深厚文化内涵。

原清华工学院院长顾毓琇在1941年贺梅贻琦校长53岁生日时写了一首贺诗："天南地北坐春风，设帐清华教大同。"梅校长回诗说："英才自是骅骝种，佳果非缘老圃功。回忆园中好风景，堂前古月照孤松。"

清华工字厅这个院落，菏花摇曳，藤萝缠绕，吴宓大师曾住在这里，当时工字厅被称为"藤影荷声之馆"，而吴宓先生自称为"龔居"。"龔居"者意为，"更合适住在这里的人尚未到来，自己不过是为他们将来在这里住得更好，打个前站罢了"。这就是大师吴宓给自己的定位，鞠躬尽瘁，甘作清华名师的护卫走卒。

我们希望清华园中能有更多的平实的"藤影荷声之馆"，也能有更多的博学谦逊的大师学者。

作者单位：清华大学建筑设计研究院

4

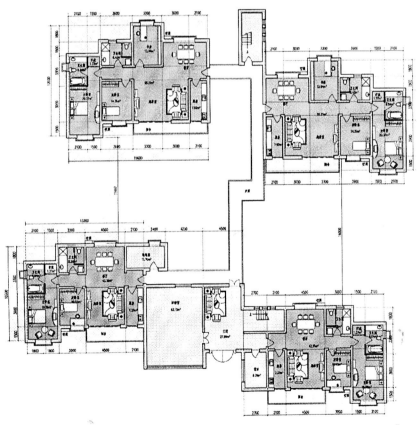

5

6~8.清华大学一期专家公寓实景照片

9.10.清华大学专家公寓草图
11.12.清华大学专家公寓二期
实景照片

东北角鸟瞰视

9

西南角鸟瞰视

10

11

13.清华大学专家公寓二期实景照片

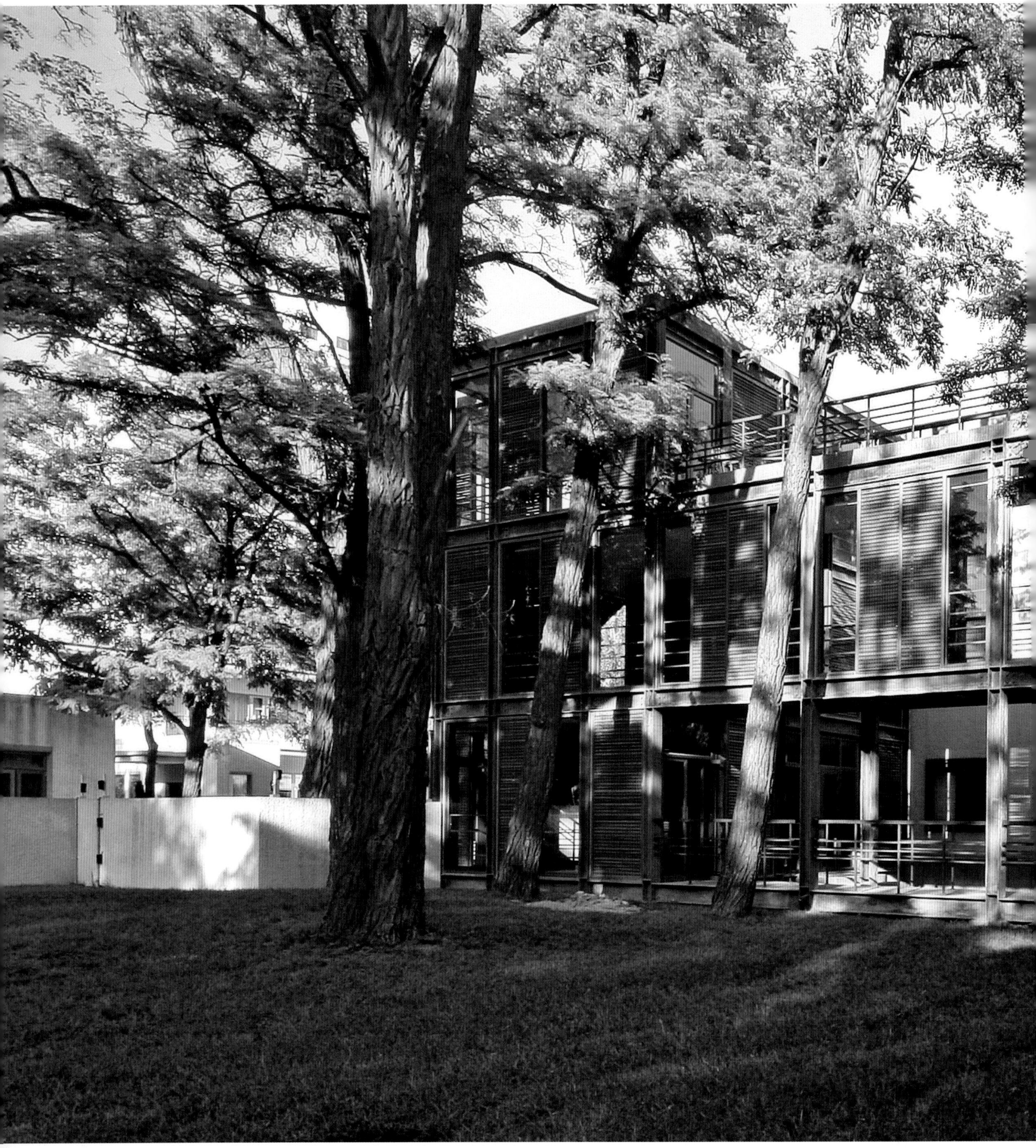

主题报道
Theme Report

铜与建筑
Copper and Architecture

　　铜是人类最早认识的金属,并在社会生活的方方面面得以应用,尤其在建筑领域更显得悠久、广泛与普遍。随着其特性越来越为人们所熟知,以及全球环保意识的盛行,合理而有效地利用铜材料,不仅可以提高资源利用效率,节约能源,保护生态环境,同时也是社会与文明进步的标志,这将为铜工业在未来的发展带来空前的机遇和广阔的施展空间。

中国铜建筑的发展历史与现状

The Past and Present of Copper Buildings in China

朱炳仁 *Zhu Bingren*

[摘要]铜是人类最早认识并广泛使用的金属，在中国其历史相当久远。本文追溯了中国使用铜材料的历史，分析了其中最具特色与声誉的个案作品，阐明了铜在中国造物材料中的重要地位，揭示了其在未来发展的广阔前景。

[关键词]中国、铜、建筑

Abstract：*Copper was discovered in very early age of human history and has been widely used. This article makes a retrospective study on cooper being used as a building material in the history. Prominent cases are introduced. The importance of cooper in architectural history is revealed, and promising future application is predicted.*

Keywords：*China, copper, architecture*

铜是人类最早认识并广泛使用的金属。

中国使用铜的历史相当久远。大约在六七千年以前我们的祖先就发现并开始使用铜。1973年陕西临潼姜寨遗址曾出土一件半圆型残铜片，经鉴定为黄铜。青铜是人类历史上的一项伟大发明，它是红铜和锡、铅的合金，也是金属冶铸史上最早的合金。青铜发明后，立刻盛行起来，从此人类历史也就进入了新的阶段——青铜时代。1975年甘肃东乡林家马家窑文化遗址（约公元前3000年左右）出土一件青铜刀，这是目前在中国发现的最早的青铜器，是中国进入青铜时代的证明。

中国的青铜器时代，包括夏、商、西周、春秋及战国早期，延续时间约1600余年。夏、商、周三代所发现的青铜器，均为礼仪用具、武器以及围绕二者的附属用具，这一点与世界各国的青铜器有区别，形成了具有中国传统特色的青铜器文化体系。

中国青铜器时代至今有近5000年的历史，在青铜文化的长河中，中华民族的工匠们无时不在展示着自己的聪明才智。他们在创造精美绝伦的青铜艺术品的同时，也不断尝试用铜来制作建筑构件，以美化和点缀生活。比如，河南博物馆中陈列的郑州出土的铜建筑构件，雍城西垣东六百米的姚家岗秦宫殿开掘时发现埋藏的铜建筑构件等许多实例。结构复杂、技艺精湛的秦陵铜车马更是享誉世界，被称为"青铜之冠"。

明清时期相继建成的四大铜殿是我国历史上最有名的传世铜建筑。湖北武当山铜殿是历史最早的全铜建筑。历史上最高的铜殿是山西五台山显通寺铜殿。另两座铜殿是昆明的鸣凤山铜殿与北京的颐和园铜殿。四大铜殿传承了中华民族几千年的文明，是中国古代铜建筑中的精华，可谓铜建筑的传世之作。在我国其他地方也有一些铜塔传世，但规模较小，如14层高的峨眉山伏虎寺铜塔、13层8m高的山西显通寺铜塔等。

在近代和现代，铜作为建筑材料有规模地介入中国建筑领域，大致可以追述到20世纪20年代，这一时期以上海外滩一批银行大厦的铜门、铜窗、铜护栏为标志。而铜材作为主体建筑材料或形成自己的建筑风格，则要到世纪之交才起步。如1929年建造的上海外滩南京路口沙逊大厦顶部便设有19m高的金字塔型铜屋顶。

有的建筑设计师对铜建筑中由于铜的导电性带来的避

雷问题产生疑虑，但实践证明，铜建筑的避雷完全可以从技术层面上得到解决。在500年前建成的湖北武当山铜殿，虽高耸于峰巅却从没有受过雷击损坏。这座全铜建筑，顶部设计十分精巧，除脊饰之外曲率均不太大，这样的脊饰就起到了避雷针的作用。在雷雨时节，云层与金殿之间存在巨大的电势差，通过脊饰放电产生电弧，使空气急剧膨胀，电弧变形为硕大的火球，雷声大作惊天动地，闪电激绕如金蛇狂舞，火球在金殿顶部激跃翻滚，蔚为壮观。雷雨过后，金殿经过水与火的洗炼，变得更为金光灿灿，如此精巧的避雷设计，堪称巧夺天工。

近些年，中国现代铜建筑项目相继多起来，铜在建筑中的运用也越来越多。从内部的电线管道，到外部屋顶墙面的装饰和表现，迄今为止，铜作为建筑构件在中国也已得到广泛的应用。如用薄铜板制作屋顶和漏檐等防雨水构件、建筑外墙面的装饰覆材等等。铜耐大气腐蚀，并可通过自然风化而逐渐演变成高雅的古铜绿色，也可以着色处理成各种诱人的色泽。用铜板作屋顶具有强度高、美观、耐用、防火、省维护、易成复杂形状、好安装、可回收等一系列优点。铜不但在古建筑上应用广泛，而且在许多现代的公用建筑、商业大厦以及住宅楼房上的应用也越来越多。

我国用铜制作的仿古建筑有获得吉尼斯纪录的杭州灵隐铜殿、桂林铜塔和国内最高的彩色铜雕塔杭州雷峰塔等。出土的商代铜建筑构件、明清时代的四大铜殿建筑，以及近几年来铜建筑成功的建设实践，已经说明了铜不仅可以作为建筑物的附属构件，而且也能够成为建筑物的主体材料。在旅游、文化景观建设及宗教领域的一些仿古建筑和现代建筑中全铜的或以铜为主体的建筑越来越多地兴建，为铜建筑的发展带来了良好的前景。

在现代建筑中，铜所具有的独特的自然、人文优势以及良好的工艺性及美学层面上的艺术感，已使人们逐步接受了其价格上的昂贵，进而获得了独有的市场空间。由于铜可以凸显尊贵、典雅的气质，很多建筑选用了铜门窗、铜栏杆扶手。

随着中国经济和建筑业的发展，近几年来铜已经开始广泛应用在国内的公共建筑和高档住宅中。如铜水管、燃气管道等。而且铜的美学效果也引起了人们的重视，北京、上海等地也陆续出现了铜饰面的屋顶、外墙等。如北京恒基中心、北京凯旋大厦、北京华南大厦的纯紫铜铜屋顶，北京新保利大厦和上海金地格林的铜幕墙等。北京凯旋大厦由于是古典风格的建筑形式，因此选用了原色的铜板，靓丽的红褐色为建筑增添了几分富丽堂皇。在都市的空气中，其色泽已经从红铜色开始渐渐变暗，而且应该会随着时间的推移变换出多种颜色，显示出建筑的年龄。而北京恒基中心则选用了预制的绿色铜锈板。北京新保利大厦使用了大面积的铜幕墙，色彩斑驳的铜板在统一中富有变化，与建筑主体材料——石材和玻璃取得了良好的协调效果。

但是由于昂贵的价格以及国内建筑师对其的生疏性，铜的美学魅力在我国还远远没有发挥出来，相信在不久的将来，我们身边将会越来越多地使用这种具有魅力的建筑材料。

作者单位：国际铜业协会（中国）

铜与建筑
Copper and Architecture

范肃宁 *Fan Suning*

[摘要]本文以铜的悠久历史为切入点，较详尽地分析了其生成及具有的独特物理与化学性质，并与其他材料作了对比，从而证明了铜在建筑中具有不可替代的作用，其优异的特性将使自身在未来得到更广泛的应用。

[关键词]铜、建筑、特性、金属

Abstract：Starting with the history of cooper, the article gives detailed accounts of the unique physical and chemical characteristics of cooper. The irreplaceable role of copper and its wide application in architecture are illuminated.

Keywords：copper, architecture, characteristics, metal

一、历史

铜是人类最早使用的金属之一。其使用历史可以追溯到1万年以前，诸如考古发现的铜制武器、首饰以及家居用品等等。在中东、非洲及中国的许多地方都发现了早期的冶铜场，古埃及人的冶铜史至今已逾4000多年。

许多欧洲中世纪的教堂建筑的屋顶都使用铜这种材料。德国有一座建于13世纪的教堂——海尔德申姆大教堂（Hildersheim Cathedral，1280），其铜制屋顶至今保存完好。

对欧洲的大多数城市来说，铜那独具特色的绿锈色已成为了都市建筑天际线的重要景观。

二、来源

大多数铜都采自露天挖掘矿。铜矿在五大洲的储量都相当丰富，但是在18世纪初期，英国南威尔士生产的铜占世界铜产量的90％左右。很多矿石都能够提炼出铜，但铜矿主要是硫化铜，需要通过巨大的冶炼炉进行电解提炼。

循环再利用

目前，全世界对铜的需求量的很大一部分都是由回收的废铜通过重新冶炼进行再利用的，这一行业已有很长的发展历史。甚至于瑞典斯德哥尔摩皇家宫殿的古老屋顶上所使用的铜也是用回收的纪念币重新铸造而成的。

消耗量

1990年，西方国家全年的铜消耗量达到了900万吨，其中电缆业用量占50％，建筑业占14％。然而即使这个较低的比例也意味着仅仅是欧洲国家一年在各种建筑构件（屋顶、给排水系统的材料以及其他附属物）上所使用的铜材就达到了10万吨。2002年，铜在中国的消费量已经超过美国，中国成为了世界上最大的铜消费国。2002年我国的铜消费量为258.4万吨；2003年为300万吨；2004年为330万吨；2005年为367万吨。其主要消费在电力、建筑、交通、电子和通信、家用电器等行业。

三、特性

铜以其优秀的抗腐蚀能力、耐久性、免维护性、自然的色泽、精致的造型、良好的加工性能和与其他多种材料（如砖、木、石、玻璃等）的兼容性而著称。没有其他金属能像铜那样使建筑如此与众不同。铜的独特性能，使其能够适应于各种建筑风格。

铜元素

化学符号：Cu；密度：8930kg/m³；熔点：1083℃；热膨胀率：0.0168mm/m；抗胀强度：210～240N/mm²（软～中硬）。

经济性与耐久性

铜屋面为建筑增加了身价，从长期利益来讲也是最为经济的选择。业主在第一次对其建筑的屋面进行重新刷漆后，铜建筑屋顶不需维护的好处就显现出来了。铜不需要任何表面处理，便能够对抗普通环境条件下的腐蚀。当铜暴露在空气中，就会自己形成一层保护层，来阻止进一步的腐蚀。

易加工性

铜很容易进行弯折或深冲压（金属板坯加工）加工。中硬度铜板最小的弯折半径约为材料厚度的0.3倍，对大多数的加工情况来说已经十分富裕了。只有名为Cu-DHP的铜——其含铜率为99.9％或者是含有微量锌添加成分的铜才能够用于建筑。这种铜造型容易，致断延伸率高，并且适于焊接（无论硬焊或软焊）。

用作屋面和覆层材料的铜

6. 由于具有易加工性，铜可制成各种形状
7. 传统建筑中的铜屋顶
8. 米切尔·格雷夫斯设计的丹佛图书馆的铜屋檐
9. 耐久的铜板
10. 铜板拥有很强的造型能力
11. 暴露在自然大气中的铜板，其色彩会随时间的推移而变化

该铜材的指定代号为"C106"，即磷脱氧铜。其铜箔的厚度范围在0.5mm到1.0mm之间（建筑用壁板的厚度为1.5～3.0mm），而建筑屋顶常用的铜箔厚度为0.6～0.7mm。这种铜屋面每平米的重量大约为6.5kg，可进行焊接。铜材可以在任何温度下进行加工，即使是在寒冷的冬季，也不会变硬变脆。其形式有铜箔或者板带，虽然建筑表面覆层也有用较厚的可以独立承自重的铜板，但通常其被认为是一种轻质的覆盖材料，常需要基底层（例如25mm厚的木板）作承托。此外，铜还常用作预制饰面板、防水板、墙面板、给排水管道等等。1～90°的平面坡度甚至于悬吊的构件（如吊钟拱）都适于铜材的发挥。"韧度"，即铜板的延展性，也有从"软"到"半硬"的适于各种需要的硬度。

杀菌性

各种微生物和细菌都无法在铜的表面生存。因此其常被制作成园林用的喷雾或粉末，用来去除园林景观上具有破坏性的霉菌。

四、铜的表现力

轻质

具有完整承托结构的铜屋顶（包括承托的基底层）的重量只有铅材的一半，瓦屋顶的四分之一。因此带给下部结构的负担不是很大。

微小的温度变形

铜的温度变形量不到锌和铅屋面的40%，因此设计合理的铜屋面的变形非常微弱，从而避免了因变质而失效。此外，铜的高熔点也使其不会像其他金属材料那样易于伸展导致变形。

使用寿命长

铜屋面的使用已经超过了700年，其最终的瓦解都不是因为铜材本身，而是由于作为承托的基层材料的崩溃。

不需要维护

铜材不需要装饰、清洁和维护。也正因为如此，它特别适合于建成后难于维护或者维护起来比较危险的区域。

耐久性

暴露在自然环境中的铜通过表面渐渐自生的铜锈来自我保护，铜锈在遭到破坏后，经过一段时间还能够再生，从而保证在任何空气环境条件下，都能抵御侵蚀破坏，而达到极限耐久性。铜也不会像有些金属那样，因内侧受到侵蚀而被破坏。

五、铜与建筑形态

铜材是一种能够完全自承重的屋面板材料，适于机械加工和手工制作，可在现场或是工厂预制成任何形状的三维体量——包括复杂的三维曲面和细部。铜板扁薄的特性和能够在板与板之间制作扁窄节点的能力使得大型的三维几何体量的屋顶和表面能够连续不断地遮罩在整体的覆层之下，而没有视觉上的断裂——尤其是使用"长条板"施工法避免出现横向交接线时，效果更为明显。铜的使用能够让设计者在设计屋顶形式时，变得自由而无拘束。

六、铜锈与色彩

色彩

铜锈的自然形成和色彩变化（从金黄到深褐色，乃至最终城市中古老屋面呈现出的独特的鲜绿色），都源于铜这种元素独一无二的特性。对建筑设计者来说，深刻理解这一发展过程是极为重要的。

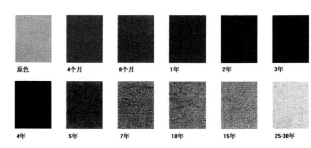

| 原色 | 4个月 | 8个月 | 1年 | 2年 | 3年 |
| 4年 | 5年 | 7年 | 10年 | 15年 | 25-30年 |

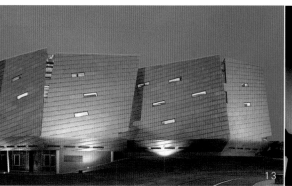

12.13.预制铜锈板的表现力
14.15.与其他材料和谐搭配的铜板

铜锈

当铜暴露在大气中时，其表面的氧化物就会形成一层薄膜，从而使表面的铜在不长的时间内，就会从原来的金红色转化为黄褐色。再经过若干年，经风雨侵蚀形成的无氧铜和二价铜的硫化物薄膜上又会出现斑斑点点的氧化铜，而使其颜色渐渐加深，成为深褐色。持续不断的风化作用将铜的硫化物膜又转化为硫酸铜，也就是铜锈，从而最终使其呈现出古老铜屋顶那样的鲜绿色。在海洋性气候环境中，表面的铜锈还会转化为氯化铜。在盐分较高的环境中，鲜绿色铜锈的最终形成需要大约7～9年的时间，在重工业区需要5～8年，在普通的城市里需要10～14年，而在较为清洁的环境里，则需要30年。适当的雨量也是形成铜锈的重要条件，竖向表面形成铜锈的时间较长，这是因为有雨水冲刷的缘故，这在沿海地区尤其明显。除非在铜本身加入其他合金元素，否则铜锈的自然生成过程是没有办法通过表面刷漆或是其他涂层阻止的，这一特点也是铜的特性之一。因此在铜材料的设计时，必须全面考虑到这一点。因为原色的铜会氧化变色这一点将直接影响建筑建成后视觉效果的变化。

铜锈板

最近铜的运用出现了一种十分有趣的手法，那就是铜锈板，即利用化学方法使多年才会形成的铜锈即刻显现出来。这可以通过工厂制作铜锈板的特殊工艺实现，也可以通过在现场对铜覆层表面进行处理而达成。当然，铜锈板主要是在修复古建筑的屋面时使用，如预制铜锈板便常用作古老建筑铜屋面的维修，以便能和原有的色彩相协调。

但是当它作为一种时尚的新建筑材料被使用时，独特的铜锈与自由的塑造能力便被结合起来，其潜力是非常激动人心的——即使在竖向垂直的覆层、拱腹和檐槽这些由于雨水冲刷而没有铜锈生成的地方也是如此。

七、建筑连续性

铜除了是一种独特而长寿的屋面材料和幕墙材料外，还常被用于防水板、防风板、通风孔、排水沟等附属构件，以及檐口、线脚、尖顶饰甚至雕塑品等细部覆层。可以毫不夸张地说，铜可以将整座建筑包裹起来。无论是色彩、肌理还是光泽，铜都具有无可比拟的与其他材料的天然亲和力。

铜与其他金属材料

铜来源于所谓的贵金属，因此不易受到腐蚀。铜可以像其他贵金属一样，与"非贵金属"（如铝、锌、铁）产生电偶腐蚀。因此，建筑设计时应该考虑这种特性而避免这两种材料直接的或间接的接触。

经过若干年的不断探索和尝试，铜的细部工艺技术使其成为了最精良的屋面板、覆面层、防水板、排水沟、下水管道以及其他建筑细部的建筑材料。但是铜的技术发展并不因此而停滞不前。如今作为覆面材料的铜板的纯度远远高于过去，从而确保它因其稳定的性能而彻底成为优良的现代建筑材料。先进的预制装配结合现场机械加工工艺以及机械化焊接安装技术大大提高了铜的生产力。而因这些先进工艺导致的铜材造价的降低更使得铜被大量运用到比过去更为广泛的建筑领域当中。

作者单位：北京市建筑设计研究院

铜在建筑中的应用及其发展前景

The Usage of Copper in Buildings and Its Future

国际铜业协会（中国）
International Copper Association Ltd.China

[摘要]铜不仅历史悠久，而且在人类生活的方方面面应用广泛，尤其在建筑中，不论是外观，抑或内部构件，均可使用铜以达到出色的视觉效果与实用功能。本文详尽分析了铜在建筑中的使用部位、功能与目的，认为其在未来仍大有可为空间。

[关键词]铜、建筑、应用、金属

Abstract: Copper has a long history and plays a versatile role in daily life. In architecture, whether used for appearance decoration or structural components, it always gives a unique visual impression or serves for a practical function. The article analyzes the roles, functions and purposes of copper usage in buildings, and predicts an even wider usage of it in the future.

Keywords: copper, buildings, usage, metal

铜是人类最早使用的金属，其在各个方面，尤其是在建筑方面有着广泛的应用。铜在建筑行业的消费主要集中在铜水管及管件、屋顶板、建筑电线、装饰材料等，如电线、电缆、母排、铜屋顶、铜装饰、铜水管、燃气和取暖管以及空调管。在欧美国家，建筑行业的铜消费所占比重要高于电力行业，约为40％左右。而中国建筑业的铜消费所占比重则相对较低。

铜还是一种最佳的环保材料，其在环境中的浓度一直处于安全界限之内。铜可以循环使用，不产生垃圾，再生铜也可保持原铜所有的优越性能，其他再生材料则远不能如此。另外与其他材料相比，铜对环境更"友善"之处在于铜在再生过程中不会产生有害物质及废物。

一、铜在建筑中的运用

1.铜屋顶的应用

铜在寿命、经济、制作、维护以及环保等方面，可以满足来自业主、建筑师以及承包商等对屋面系统各方面的要求。世界范围内长寿命的屋面系统比比皆是，有许多已经使用了一个多世纪。铜板应用于建筑物，历史记载最早的是公元1280年建于中欧的海尔德申姆哥特式教堂。

与大多数钢的氧化"锈蚀"过程不同，铜的氧化对其自身是有利的，因为它提供了一层铜绿的薄膜，起到保护作用，使铜不受进一步的腐蚀。铜会与周围环境发生反应，即所谓风蚀过程，其速率与水其中所含盐及大气污染物（如硫）的多少有关。在干燥的气候条件下，铜表面会形成褐色或乌木色的铜绿，而在沿海或潮湿地区，铜绿会逐渐发生由浅灰色、浅蓝色至绿色的转变。通常在10～30年内，铜会达到侵蚀平衡，氧化膜趋于稳定，颜色不再变化，但其保护作用保持不变。例如，美国自由女神像从1886年至今已经形成了一层非常漂亮的蓝绿色铜绿，有效地保护了女神像的铜表面。测算结果表明，这座纪念像在如此长的时间内，表面只减薄了0.127mm。

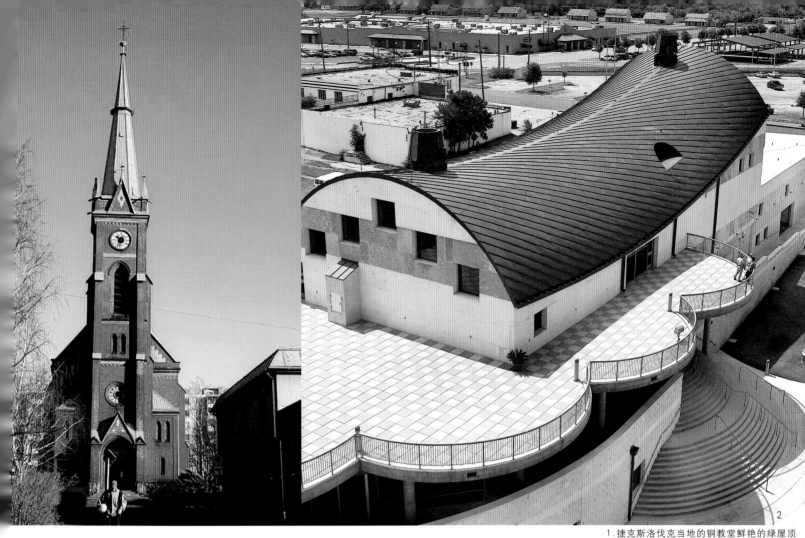

1.捷克斯洛伐克当地的铜教堂鲜艳的绿屋顶
2.美国得克萨斯圣安吉洛艺术博物馆的立体曲线型直立锁边铜屋面

在工业发达的国家，铜屋顶因其耐用和美观，是教堂、会展中心、高档住宅、银行等高档建筑首选的建筑屋顶。在欧洲采用铜板制作屋顶和漏檐已有传统，北欧还使用它作为墙面装饰。铜耐大气腐蚀，并可随时间推移逐渐变成古铜色，或着色处理成为各种诱人的色泽。使用铜板做屋顶，具有强度高、美观、耐用、防火、省维护、易成形、易安装、可回收等一系列优点。它在教堂等古建筑物屋顶上的应用已有悠久历史，在现代大型建筑甚至公寓和住宅的建设上的应用也越来越多。例如，代表现代英国建筑艺术的"英联邦委员会"大厦，屋顶形状复杂，用铜板建造，重约25t；于1966年开放的水晶宫，用60t铜做成波浪形的屋顶和金威廉（Kingwillian）的铜屋顶等等。中国也有使用铜的悠久历史，如青铜器时代和四大铜殿的建筑包括铜瓦在内的青铜构件，距今已400余年，均完好无损。还有1804年西藏布达拉宫红宫的金顶建筑群（铜镏金屋顶）和1929年上海外滩南京路口沙逊大厦顶部设立的19m高的金字塔型铜屋顶等。国内的现代建筑使用铜屋顶的也不少，如1999年哈尔滨百顺建设世纪经典楼1520m²的铜屋顶；位于北京市繁盛的西直门外大街的凯旋大厦以及建国门内大街北京火车站东侧的恒基中心，建筑师在东北角办公楼顶部设置了钟楼，屋顶盖以绿铜板，鲜明夺目；1995年竣工的西单北大街170号北京华南大厦则使用了南韩进口的、由洛阳铜加工公司制作的铜屋顶。

2.铜建筑外墙

铜元素的自然属性优异，不易因大气候的冷热变化而产生变形，也不易因空气中的水汽、尘埃而产生表面的腐蚀而生锈。"铜"表面经过金属化学着色处理后，外观效果可以根据建筑风格制成多种色彩，不易腐蚀和产生铜锈。铜的这一"特性"决定了铜幕墙材料独具魅力的艺术装饰效果。经一定的加工手段，"铜幕墙"的材质美感可以更加丰富，适合古典和现代多种建筑风格的表现。"铜"材料良好的加工性能保证了"铜幕墙"复杂和不规则的形态构造及个性化的设计，从而赋予建筑鲜明的时代特征。

3.铜水管和铜气管在建筑中的应用

铜管应用于建筑的给排水系统或燃气系统中是铜在建筑中最常见的一种用途。铜水管是指应用于建筑供水系统的冷、热水管，为薄壁铜管，是经拉、挤或轧制成型的无缝管。

铜水管不但具有不可渗透性、卫生健康（杀菌抑菌）、适配性强、安装方便、经久耐用、耐热、耐腐蚀、耐压和耐火等优点，而且可以再生，有专业技能的保证和强大的工业后盾。目前，在国外发达国家中，铜管在供水供暖系统中的应用已占很大比重，例如美国占81%；加拿大占52%；澳大利亚占85%；英国占90%；香港占70%；新加坡占67%。铜水管管材的卫生健康、安全可靠等性能已经经受住了时间的考验。另外，铜水管的安装技术相当成熟，配套产品齐全。国内的铜水管生产厂家可以生产规

3.德国北莱茵威斯特法伦州的商业办公楼KAI 13的预制铜板立面
4.美国俄克拉荷马州塔尔萨犹太人联盟的平接缝外墙铜饰面
5.瑞士苏黎世国际冰球联盟办公楼外立面上轻盈稳重的网状铜幕墙

格从Φ5mm～Φ219mm的铜水管和与之相配套的各种管件。而且有一系列的材料、设计、施工、安装、图集标准已经陆续出台，可以说在我国建筑供水系统中使用铜水管的条件已经相当成熟了[1]。

目前，国内铜水管的应用主要集中在高级宾馆、饭店、写字楼及大型公众设施上。铜水管在民用建筑上的应用则主要集中在国内经济比较发达的城市，例如上海、北京、深圳、广州、大连和青岛等城市。一方面是因为这些城市经济比较发达，人民生活水平比较高；另一方面是因为这些城市与国际接轨较早，城市居民在思想观念上接受新事物的速度比较快；还有一方面的原因是国际铜业协会（中国）、铜发展中心在部分城市做的大量推广工作收到了效果。例如，中国兵器大厦、北京ＬＧ大厦、上海中银大厦、上海港汇广场、上海大剧院、北京棕榈国际公寓、福州紫荆花园、广州汇景新城等大厦或公寓以及住宅都使用了铜管系统。铜气管也在逐渐被人们所接受。如位于上海市西郊的安亭新镇的建筑节能方案由著名的工程咨询公司FICHTNER提供，完整地体现了其建筑节能技术，并全部采用铜管作为暗埋的燃气管道，保证了厨卫的美观。

国内企业生产的铜水管分普通铜水管和塑覆铜水管两种，塑覆铜水管是指在纯铜水管外面覆盖一层发泡聚乙烯，其作用是：一、防腐；二、保温；三、防止铜管外壁结露；四、美观。

铜管作为建筑冷热水系统用管道，其经济性对于工程应用的选材是一个重要的因素。国内已有具代表性的建筑给水管材经济性比较，有关资料已对6种给水管材的经济性进行了对比（表1）[2]。此外，在住宅内增设热水管的投资约比单设冷水管增加一半。

给水管总造价占建筑总造价的百分比（％）　　　　表1

给水管类型	多层（6层）住宅	高层（18层）住宅
镀锌钢管	1.37	0.68
薄壁铜管	3.24	1.63
PP–R管	2.79	1.34
PVC–U管	1.01	0.51
镀锌衬PVC钢管	2.32	1.17
薄壁不锈钢管	5.71	2.67

注：1.造价中包括主材费和安装费，包括了给水管道和支架，但阀门、龙头、卫生洁具等均未包括在内；2.多层住宅以室外进户的第1个阀门开始计算给水管材，高层住宅以进入地下室的给水管开始计算。

4．铜散热器与采暖空调系统

铜制散热器的优越性能使系统能够消耗更低的维护费用并拥有更长的使用寿命。应用铜制散热器的供热系统的水温可以低于其他类型散热器，大大降低了热水传输过程中的热量损耗，节约了燃料的消费。

节能是有关我国国计民生的大事，也是制冷空调行业的发展主题，目前制冷空调产品中以电力作能源的按制冷量计算占90％以上，所以讨论空调节能问题，主要是研究节电的对策。而高效传热管对于提高机组的能效比和节电的效果是很明显的。例如某厂的螺杆式冷水机组，采用满液式蒸发器，并用高效蒸发管提高传热效率后，COP达到5.3，提高了15％，节电18％，轻而易举地达到了节能设备标准[3]。

5．强弱电系统

家装离不开电线，其虽小却"责任"重大。好多火灾是由于电线线路老化，配置不合理，或者使用电线质量低劣造成的。国家已明令在新建住宅中应使用铜导线。

智能楼宇中，一切通信都要经过楼内的通讯线进行传递，目前通信线主要采用铜芯线。铜芯双绞线是由按规则螺旋结构排列的两根绝缘线组成，该线是铜质的或者用铜包钢的。双绞线中的铜线可以提供良好的传导率，而钢线可以满足有强度要求的场合。把两根线对扭在一起可使各线之间的电磁干扰最小，而其他传输介质与此相比，在传输距离、信道带宽和数据传输率等方面均受到一定的限制。双绞线既可用于传输模拟信号，也可通过调制解调传输数字信号。

虽然目前在部分通信系统中，光导纤维已取代了铜，但国际铜研究组指出，在"最后1英里"的区段，铜仍是优先选用的材料。在个人计算机和硬件中，铜接线电缆的使用仍十分广泛。

6．铜在家庭厨房中的运用

厨房中水龙头的含铜量很重要，除了具有杀菌作用以外，其较强的延展性和韧性也能确保龙头的使用寿命。好的龙头主体应是青铜整体铸成的，敲打起来声音沉闷，如果声音很脆，则是不锈钢材料制成，质量要差一个档次。带柄龙头的质量与含铜量的多少也有着密切的关系。单柄龙头在开启和关闭的瞬间，水压会迅速升高，对铜含量的要求更高，而双柄龙头则可以稍低一些。

在燃气工程中，铜管因具备易弯曲、容易安装、牢固、密封性好、输气过程中阻力小、同一公称直径具有最小外径等诸多优点，一直是理想的暗敷管材。由于铜管连接采用成熟的钎焊，操作简便，质量可靠，这些均为铜管的广泛使用提供了技术保障，以其作为燃气管材，在城市住宅中具有十分明显的优势。

7. 在太阳能、地热等新能源利用方面的利用

铜板作为一种优良的传热元件，在太阳能、地温能等可再生能源领域有着广阔的应用前景。

以太阳能热水系统中的平板集热器为例，由于其结构形式及性能特点最易于建材化，一直是发达国家首选的集热器形式。其中铜铝复合板芯平板集热器和全铜板芯平板集热器由于在金属流道集热器中单位面积成本最低，而寿命最长，得到了广泛的应用。在经历了很长的发展历程后，平板集热器的内部结构、材料选择及组装技术均达到了很成熟的水平，如今仍是发达国家太阳能热利用产品中占绝对主导地位的集热器形式，相信其也是我国未来与建筑一体化的太阳能热利用行业的主导产品。在热管式真空管集热器中，铜是其核心部件热管的主要材料。

除此以外，铜管也可作为地源热泵系统地下换热管的材料，对改善整个系统的效率可起很大的作用。

8. 建筑中的铜装饰与生活用品

铜饰品具有美丽的外观，而且其性能优秀，具有耐用、防火、易成形、好安装和可回收的一系列优点。如铜门和铜窗在气密性、防水性、抗风压性、保湿隔声以及防尘性等方面具有良好的性能。还有门把手、门锁、百叶、扶栏以及墙饰等等。铜制品不但经久耐用、安全卫生，而且透着高雅的气息，深受人们喜爱。

研究发现，铜和铜合金可有效预防公共建筑的传染病。专家建议，特别是像医院、商店、机场、车站这样的公共建筑最好使用黄铜门把手，因为黄铜不仅能够杀灭细菌，而且价格便宜，应该大力提倡。美国科学家最新研究成果显示，不锈钢门把手上可能会滋生成千上万的病菌，包括格兰氏阳性细菌及阴性细菌、大肠杆菌和链球菌等。研究者对黄铜门把手进行了同样的测试，其上的细菌比不锈钢门把手要少得多，也就是说，铜有消灭细菌的作用。专家们为测定铜上细菌死亡的速度进行了多次重复实验，结果黄铜上的细菌在7个小时或更短的时间内全部被歼灭。在新擦亮的黄铜表面，杀灭一些细菌仅需15分钟[4]。近年来，应用了铜的微量作用的产品被广泛地使用，特别是人们利用铜纤维制造的空调滤纸、水管用净水器、淋浴喷头等，更使铜的杀菌作用得以显现。

二、铜的消费观念

1. 缺铜

铜是性能优良的材料，但我国铜矿的品位低、大矿少，可利用的资源少。对于一个13亿人口的大国来说，可认为是缺铜国家。我国确实是一个铜资源相对贫乏的国家。由于铜是重要的战略物资，因此，解放初期铜的进口是受到封锁和禁运的。对紧缺又受到禁运的铜，国家采取了相应的限制使用政策。解放前建造的一些高级建筑是采用铜水管的，后来被禁止使用了。原来的电线都是用铜的，后来被铝大量替代了。这样做，尽管会产生一些不良效果，但在当时是迫不得已的。

随着时间的推移，时代在变迁，国内外形势亦发生了巨大的变化。目前国际形势正朝着经济全球化的方向发展。经济全球化意味着通过贸易做到生产全球化与资源全球化。生产全球化就是我们的产品面向全国，也要面向世界，国外的产品和资源也将为我们所用。

铜与其他消耗性资源不同，它可以反复回收使用，其回收率高达99%以上。正因如此，推广铜等于存铜于民，这些铜将来可再生使用。这是最好的铜储备，不需国家资金的战略储备。

综上所述，正因为我国铜资源相对贫乏，就应该广泛使用铜；正因为铜是战略物资，更应该积极推广铜的应用。我们应该树立资源全球化的观点，改变缺铜观念，积极推广铜的应用，让铜的优良性能造福于人类。

2. 价格

铜的性能非常优越，就是价格太贵，用不起，这是一个很普遍的观念，而且随着近年铜价的持续上涨，持这种观点的人越来越多。不过我们在考虑价格的时候应持"价格性能比"的观点，既考虑材料的售价，又考虑材料的使用性能和使用寿命。

从全生命周期的角度来看，使用铜无疑是最划算的。如北京的协和医院，上海的国际饭店、瑞金宾馆……使用了80年左右的铜水管至今仍完好无损。而镀锌铁管使用了5～10年就要调换，且使用中易发生堵塞和漏水，并产生二次污染，这些都给使用者带来经济上的损失和精神上的负担。铜管在使用过程中不仅不会产生这类问题，而且寿命长、免维修，还能杀菌。正因为如此，国外在建筑领域早就广泛使用铜水管，英国的铜水管比例高达95%，美国为85%，香港也达80%，而我国目前的比例则相对较低。

贵与便宜是相对的，随着时间的推移，人民生活水平的迅速提高，贵的概念会淡化、会转变。价格将逐步成为次要问题，主要问题则是生活品质。

三、结语：铜在建筑领域应用的发展前景

铜的性能优异，有其他原材料无法替代的功能，它是一种可以被100％回收利用的、可持续的耐用金属，是真正的环保材料。

铜资源在推动中国经济的可持续性增长、建立节约型社会方面起到了不可代替的关键作用。我国目前年人均铜消费量还远不及发达国家的消费水平，与铜消费大国的地位很不相称。创造性发展铜的应用领域，特别是在建筑领域的应用，将为社会节约资源，减少浪费，提高人们的生活品质，造福于整个人类社会。

面对未来，促进铜在建筑上的应用有以下几点优势：

- 房地产业的持续发展将带动铜消量的稳定增长
- 建筑标准的提高以及建筑质量的提升将促进铜的使用
- 新产品将带来铜消费的新机会
- 新技术将提升铜产品的竞争力
- 中国人对铜有很好的印象
- 消费者的意识不断提高

随着建筑业的发展，特别是住宅产业的飞速发展，铜在导线、电缆、水管以及装饰、屋顶等方面的应用将不断地增长。当前我国正在大力提倡建设资源节约型社会与循环型经济社会，在建设领域倡导绿色节能建筑。积极开发利用铜，不仅可以提高资源利用效率，节约能源，保护生态环境，同时也是社会文明和进步的标志。我们相信绿色建筑的发展，将为铜工业的发展带来空前的机遇和广阔的发展空间。

注释

1．姜国峰、李宇圣，建筑用铜水管市场分析，世界有色金属，2003(1)：56～58

2．住宅建筑各种给水管材的技术经济分析及对比研究，上海沪标工程建设咨询有限公司，2001

3．周瑞民，我国空调能效标准的实施对高效传热管的需求分析，2005空调新能效与铜管新产品技术年会报告

4．当代健康报

＊国际铜业协会（中国）供稿

国际铜业协会（中国）

国际铜业协会是世界上最主要的推广和促进铜及其合金运用的非赢利性国际组织。总部设在美国纽约，下设北美、南美、亚洲、欧洲四个地区分支机构。1995年，国际铜业协会进入中国，已在建筑、电能效益和家用电器三个领域开展了近20个市场推广项目，成为一个跨区域、跨领域、专业权威的市场推广机构。

国际铜业协会（中国）一直致力于铜与环境、铜与人类健康等科学研究；如铜对某些病菌——军团病菌、致命的大肠杆菌（E.Coli）和脊髓灰质炎等方面的研究。这些研究结果已经成为政府机构作为制定政策、法规等的依据。

国际铜业协会（中国）在市场推广涉及铜的问题中充分发挥协会的领导和协调作用；积极推动新工艺、新技术、新产品，传播创新的解决方案；希望在国内开展的各个项目能充分展现铜推动社会可持续发展的优异特性，让全世界充分享受铜为科技进步、生命健康和人类高品质生活所作出的贡献。

今年国际铜业协会（中国）的建筑组又增加了三个项目：铜装饰、建筑节能以及控制黑管项目。并首先从节能入手，强调应用节能环保的建筑材料，如铜导线、铜水管、铜燃气管，铜采暖管以及铜装饰等，将其地域性扩大，更进一步地推动国家倡导的建筑节能和环保工作。同时以国家提出的建设社会主义新农村为重点，主要在农村开展一些推广活动，以提高农村的生活水平，改善农民生活质量。

在中国铜工业的大力支持及国家建筑管理、开发、设计、施工等相关部门的配合下，铜的优异性在建筑从屋面、外墙，到室内的各项领域，得到了更广泛的展现。

英国威斯特菲尔德学生公寓
Westfield Student Dormitory, UK

建筑师：费顿·科雷戈·布拉德利建筑师事务所
(Feilden Clegg Bradley Architects)

这个英国最大的学生公寓项目，由费顿·科雷戈·布拉德利建筑师事务所设计，位于伦敦大学皇后玛丽亚学院，是伦敦河东岸"非封闭"公共区域中的两栋最大的建筑，一栋为Pooley Hall楼，一栋为Sir Christopher France公寓楼。这两栋公寓楼包含了多种不同的铜幕墙设计手法。

伦敦大学皇后玛丽亚学院威斯特菲尔德学生公寓拥有995个床位。8层高的Pooley Hall楼平行于铁轨，外表为水平纹理的预氧化铜板。该建筑在整个基地的布局中，起到了隔绝铁路噪声的屏障作用，其3层玻璃窗和高隔声率外墙都使该建筑朝向铁路的一面具有很高的隔声率。Sir Christopher France公寓楼外表为竖向纹理的铜锈板，该建筑形成了步行街的东立面，并完善了整个校园朝向大运河（Grand Union Canal）和公园（Mile End Park）的立面形象。这栋建筑的外立面被一个通高的凹洞打断，两侧用不锈钢条板饰面，从而将整个公寓的建筑体量分成了两部分，使得校园内外的视线得以贯通。

在当时，威斯特菲尔德学生公寓的铜幕墙是欧洲同类项目中最大的一宗。伦敦大学非常希望给外界的印象是一座从材料到建筑体本身均具有坚固而长久特色的建筑物，于是铜便被选中，因为它不仅能够满足人们对建筑外观的视觉要求，而且能够大大延长建筑的使用寿命，并保持维护的低成本。费顿·科雷戈·布拉德利建筑师事务所的Alex Whitbread说："铜是建筑惟一可用的、能够获得令人赞叹的视觉品质的材料，具有高耐久可信度，接近零的维护费用以及相当长的使用寿命。没有一种幕墙材料能够让业主、建筑师和建造商都满意，但是威斯特菲尔德学生公寓的铜幕墙却做到了这一点。"

如此大规模使用的铜幕墙将变得十分经济——因为幕墙能够承受快速施工方案带来的压力，并满足设计师和建设者的需求。各种不同的铜处理方法使得同一种材料呈现出多种不同的惊人的视觉对比效果。而且，众所周知，铜随着时间的推移，不同的立面会变化出多种不同的色彩，从而为建筑增加额外的特色。铜对环境的保护也是该项目将铜作为首选材料的重要原因，因为其所使用铜材的70%都是通过循环再利用获得的。

铜幕墙更像是一层"皮"——要么融入建筑，要么脱离建筑。这两栋建筑的立面构成均为通过材料横向与竖向的肌理对比，来强调两个相互对比的建筑体量。中心对中心的焊接缝通过450mm这一特殊模数，与窗户的模数相一致。为了进一步强调两个建筑体量之间的差异性，Pooley Hall楼的立面使用了单层卷边接缝，因此形成了强烈的水平纹理，而Sir Christopher France公寓楼则使用了双层卷边接缝，为的是形成更加精致的竖向纹路。

Pooley Hall楼那朝向铁路且具有表现力的北立面，由一系列大尺度的凹凸变化造型组成，目的是为了能够给呼啸而过的高速火车上的旅客留下深刻的印象。这些"凹凸"构造成为建筑细部处理所面临的最大挑战，因为要将变化的斜屋顶的几何界面连接与水平的接缝尺寸很好地结合起来。整个建筑立面上竖向结构韵律的调整，是通过在窗头运用装饰性的接缝和檐板以便容纳幕墙的偏差而形成的。除了两个主要的铜幕墙覆盖的体量外，校园中还有一些砖砌建筑上也有一些突出的厨房小间，其外表也是用预氧化铜板覆裹。

*国际铜业协会（中国）供稿

英国佩斯音乐厅
Perth Musial Hall, UK

建筑师：BDP建筑事务所（Building Design Partnership）

该建筑位于苏格兰佩斯市历史上著名的豪斯路口（Horse Cross），其自由的平面是对无规则的周边环境和地形的呼应。独特的曲线形主厅具有很强的表现力，无论是室外还是室内空间，都强调出建筑的功能，并为佩斯城塑造了当代的建筑地标。绿色的预制铜锈板被选作音乐厅的屋面，一部分原因是呼应相邻的佩斯博物馆的铜屋面，但是更主要的原因是为了衬托银白色和浅灰色的墙面。

整个屋面遍覆铜板，通过一条连续的屋面采光带、屋面的铜板延伸至内庭，因此，无论是在室外还是室内，都能感到音乐厅造型的连贯性和一致性。绿色的铜锈板使得暴露在外而易被风化的建筑外表与室内立面的色彩能够保持长期一致。项目负责人布鲁斯·肯尼迪（Bruce Kennedy）解释说："我们选择用铜锈板来包裹音乐厅，是因为它丰富美丽的色彩以及优秀的耐久性。所选择的材料既能够表现出主题建筑空间的造型，其色泽和质量又能够经久不衰，这在苏格兰这样的气候条件下是很重要的。"

＊国际铜业协会（中国）供稿

英国兰喀斯特大学信息实验室
Information Laboratory, Lancaster University, UK

建筑师：福克纳·布朗(Faulkner Browns)

业主对设计的要求是："一个为ICT（信息通信技术）精英所准备的中心，它将融计算机通信技术和ISS（信息系统）为一体，成为西北部地区研究、开发世界性热点课题的研究中心。"

福克纳·布朗领导设计团队，于2004年9月按时完成了这一容纳世界级研究专家和机构的标志性建筑物，并将造价控制在1025万英镑（约1亿5千万人民币）。

该项目的设计工作以团队合作的方式进行，为了使造价、质量和建造三者都取得最佳的解决方式，"不断反思"是大家共同信奉的原则。整个过程分设计和施工两个阶段，因此较早地与施工方HBG签订合约，保证了整个团队的统一协调和风险共担。

该建筑成为低造价的样板工程，运用整体设计的手段获得了经济节能的设计，所有工作空间环境最大限度地利用了天然采光和自然通风，达到英国"建筑研究所环境评估法"中的"优秀"级别（"建筑研究所环境评估法"，Building Research Establishment Environmental Assessment Method，简称BREEAM，是世界上第一个绿色建筑评估法，由英国的"建筑研究所"，Building Research Establishment，BRE，于1990年提出——译者注）。

一流的室内环境品质和富有创造性的排布方式，激发着使用者的思维和团队工作意识，使该实验室被列入权威的英国办公建筑奖的候选名单。高质量的工作环境对帮助实验室吸引高素质人才和科研项目来说是必不可少的。

建筑物主要由一系列精密的预制混凝土楼板和作为支撑的钢架组成，钢架经过精心的设计，能够在严丝合缝的楼层与楼层之间，使辅助服务性空间获得最大限度的灵活性。

工作室的建筑外立面采用传统的搭接缝预制铜锈板，并配以青铜窗和铰接降噪落水管。铜皮外墙的建造由150mm厚的结构衬板，31mm厚的木龙骨，18mm厚的胶合板背板和大约1mm厚的传统垂直搭接缝的预制铜锈板构成。

公共接待空间的会议室和咖啡厅的连桥用富有表现力的放射状棂框包裹在幕墙内；服务和交通核心筒外表面则覆以白色的砌块墙；屋顶主要是单一的聚合材料膜面板；建筑室内的铜和青铜则被用作关键部位的高品质表面装饰材料；接待室内表面便使用高亮的铜板用压力粘贴在曲面的结构上；办公室室内的装置构件中，也会使用一些青铜把手和窗户作为对浅色金属材料的补充。

*国际铜业协会（中国）供稿

英国马吉豪癌症休养中心
Maggies Cancer Sanitarium, UK

建筑师：佩奇／帕克建筑师事务所（Page\Park Architects）

佩奇／帕克建筑师事务所设计的马吉豪癌症休养中心是1栋1层高，局部2层的木结构铜外墙建筑物，其设计意图是为了与周边个性强烈的景观（由著名的景观设计师查尔斯·詹克斯Charles Jencks设计）相协调。建筑希望为使用者——不幸患有各种癌症的患者——提供一种非常温暖并且"像家一样温馨"的疗养环境。

根据周边的景观环境，建筑造型被设计成一个螺旋上升的椭圆形气囊，形成了相互关联的三段式。建筑的墙体偏离竖直方向10°，无论是在室内还是在室外，都具有一种螺旋上升的姿态。

建筑外墙面的主要材料是绿色铜锈板，以盘旋的条板样态包裹在盘旋体量上，突出并强调了螺旋造型，其层叠的形式与景观效果相呼应。铜板也被运用到室内，这样便模糊了室内外的界限，同时又在无形中使螺旋造型更加清晰。覆着绿色铜锈板的体量从下方的方形基座开始上升，这个方形基座也用铜板饰面，但是它使用的却是"氧化"成褐色的铜板，与上方绿色的体量形成对比。屋面上也出现了"氧化"铜饰面板，这是一个被处理成放射形的特殊的通风系统，巧妙地呼应了屋面扭曲的轮廓。

马吉豪癌症休养中心的屋面和外墙饰面板的所有细部设计都是由建筑师和专业的幕墙设计专家紧密配合完成的。

*国际铜业协会（中国）供稿

英国皇家地质学会研究中心
Royal Geological Society Research Center, UK

筑师：唐尼建筑师工作室（Studio Downie Architects）

这栋建筑是皇家地质学会的总部，位于伦敦Exhibition Road大街，这是为他们200万件珍贵藏品建造的新家，其中包括地图、照片、书籍、图片、复制品和文件—这些资料诉说着500年来地质研究和勘探的故事，其中包括从达尔文的六分仪到诺夫·费恩斯爵士（Sir Ranulph Fiennes，当今最著名的英国探险家，徒步横越南极大陆—译者注）的太阳能雪橇等许多重要的复制品。

由于陈列的物品非常敏感，因此设计者希望有高品质的建筑材料与这一与历史有关的建筑相配，同时业主也需要维护成本最低而寿命最长的建筑材料。

唐尼建筑师工作室认为能够满足所有这些要求的建筑材料只有铜。它传统而现代、厚重却精致，具有反射力而生机勃勃。节点的纹样和阴影为新的砖墙面增添了丰富的肌理。铜还被运用在每个展示空间的入口处，作为表面印有图案的结构框架。这样的入口空间为通往皇家艾伯特大厅提供了前所未有的浪漫景致。

＊国际铜业协会（中国）供稿

英国螺旋咖啡屋
Spiral Café House, UK

建筑师：马克·巴菲德(Marks Barfield Architects)

这座别致而精美的建筑物坐落于英国伯明翰的圣马丁广场，该广场是伯明翰新斗牛场开发项目的公共中心广场。螺旋咖啡屋拥有造型独特的外壳，其灵感来自存在于自然界生物体内的斐波纳契数列。这栋小建筑将几何学的永恒法则与现代结构技术结合起来，也是业主、建筑师、工程师以及建造者紧密无间合作的结果。

咖啡屋由8根曲线形的结构肋组成，为其内部的休息和备餐空间提供遮蔽。附属于这些结构肋的一个小体量构筑物是咖啡屋后侧的储藏室。结构肋沿着地板边缘深入地下，插入一条玻璃凹缝中，这条凹缝内部安置有照明灯槽。从这一凹槽中伸出的结构肋形成了咖啡屋的造型，并划分出咖啡屋的内部空间和外界公共空间。

咖啡屋的建筑上部使用的材料是着色等离子MS板，用CHS MS构件作侧向支撑进行连接。面板表层用木板作装饰，赋予顶部结构温暖的屋面效果。外表面完全用铜锈板形成连续无缝的外壳，内表面结构肋之间则饰以青铜漆亮光面板。

在没有处理之前，此咖啡屋的外表面效果还是比较普通的。但在外表面的铜作业施工完毕后，又有一位受委托的专门处理铜锈的艺术家，来对铜覆层的外表进行着色处理，最终形成了色彩丰富、纹理多变并经久耐用的表面效果。咖啡屋的正面入口处也使用了铜，以便与其外表面效果相协调。

*国际铜业协会(中国)供稿

英国蝴蝶住宅
Butterfly Housing, UK

建筑师：切特伍团队（Chetwood Associates）

蝴蝶住宅是建筑雕塑的实验品，而且也是一栋让人感到刺激的住宅。其历时3年的设计过程都在探索和发展拼贴美学（fusing art）的艺术理念，整个建筑也是由蝴蝶造型变形而来的。

蝴蝶住宅凝聚了劳里·切特伍（Laurie Chetwood）一家人对建筑艺术的热爱。劳里不但亲自设计住宅，而且从一开始就参加施工，并且还雕刻并安装了许多具有特色的装饰品。

这栋建筑获奖的关键就是它的实验性。其今天所呈现出的许多细部都是不断试验不断推翻的结果。设计施工过程的关键就在于让材料充分发挥自身的特点，这可以被解释成是劳里现场手工制作和反复建造的结果。劳里使用了多种铜管铜片，因为它们具备他所需要的延展性和弹性。而其最主要的特性就是现场手工操作的特性，还有就是锈蚀的铜可以有丰富的色彩，并且表面具有光泽。

用于建筑中的铜不仅只为了装饰的目的，它还有功能作用。如在建筑入口处所使用的铜管，不仅成为了艺术性很强的装饰物，而且还成为收集雨水并将其汇合到雨水收集器中的装置。而具有工业化尺寸的红铜色收集器则将雨水泵抽出来，通过一组装饰性的细铜管构架来灌溉花园。另外，入口处如同编制物一般的线状铜丝能够在夜晚形成光线朦胧的浪漫效果。一组醒目的烟囱则创造性地运用了光亮的铜锈板，似乎在迎接客人的到来。

劳里·切特伍和他的家人之所以能够创造出如此美丽动人却不失功能性的建筑，而且完全实现了他们当初的设想，在很大程度上应归功于铜这一材料的特性。

*国际铜业协会（中国）供稿

英国卡尔迪卡特表演艺术中心
Caldicott Performance Art Center, UK

建筑师：布什殿·亨里（Bushow Henley）

该中心坐落于原有建筑群的南端。整个项目包括三个演出空间：表演平台（为市民演出广场）、表演厅（传统的演员演出剧场）和自我表演的景观。

建筑剖面是设计工作的关键。建筑结构嵌入地下的埋深约1.3m，而建筑后侧的地面则抬起1.2m，从而形成一个与西侧建筑和北侧教室地面相同标高的平台。这样一来，平台的标高就比表演大厅高了2.5m。建筑南侧为台阶状上升的坡地，以便与草坪达成统一的标高。大厅的空间向周围的建筑敞开，令视线和阳光变得没有阻隔。立在平台东侧的小塔顶部三角形的造型与周边现存建筑的三角山墙相呼应。

在这里，铜被运用到两个最关键的建筑要素中。塔的屋顶和墙面全部覆以垂直接缝的预氧化铜幕墙，成为独立在平台之上的建筑群的焦点。表演厅的屋顶和立面使用的是自然状态的铜板，这样就可以为周边的景观提供一种永远在变化的视觉效果。因为水平屋面受侵蚀作用后，其生锈的速度将比竖向的塔构建要快，因此，所使用的"自然化"铜板，其生锈的速度会在最初的几年中"跟上"竖向的预氧化铜板。

表演厅由一系列结构砖墙柱和其上方支撑的中央木构架屋面组成。砖墙和铜幕墙使建筑形成了粗糙与光滑、哑光与发亮相对比的"红褐色"外表。平台、塔和大厅的造型和材料（砖、铜和木）以及与之紧密结合的景观，在抽象构筑物和"英式"建筑之间达成了和谐。

*国际铜业协会（中国）供稿

3XN与丹麦的现代建筑

3XN and Modern Danish Architecture

范肃宁 *Fan Suning*

后现代主义风格来到丹麦的时间相对较晚。即使美国建筑师罗伯特·文丘里于1969年在《建筑的复杂性与矛盾性》一书中发表了征讨现代主义信条的檄文后，丹麦的建筑理念仍然走着另外一条截然不同的道路。在1970年，丹麦年轻的建筑师们开始反抗建筑工业的贫乏状态，而且他们的斗争演变为与缺乏折衷主义的禁锢风格的决裂，他们反对的正是丹麦20世纪50年代和60年代最具特色的建筑风格，也就是美国当时的现代主义。

丹麦人将建筑看作是美好生活的载体。丹麦著名的建筑师Vandkunsten更是从小城镇和当地公众的理想生活中得到了灵感。对于这种思潮，国际上称之为新乡土主义，这是流行于20世纪70年代的新浪漫主义风格。然而，这并不背离功能主义原则，反而是对包括心理学和行为学在内的功能主义理念的扩展。此外，扬·盖尔（Yan Gehl）的《交往与空间》中对人们使用公共空间的方式的表达也成为功能主义的重要拓展。

与此相反，文丘里则认为建筑是一种艺术形式，而且他反对以包豪斯旗下的密斯·凡·德·罗、格罗皮乌斯以及美国的菲利普·约翰逊为代表的建筑霸权主义。并且正如书名那样，他反对形式与内容的统一，以及现代主义所追求的简单无装饰等信条。在文丘里口中，密斯·凡·德·罗的"少就是多"变成了"少就是单调"。

像查尔斯·詹克斯这样的天才建筑评论家敏锐地觉察到了这一点，这正是后现代主义运动的开端。詹克斯认为：后现代主义风格建筑"使用多种语言"，并有目的地借鉴历史风格和元素。通过与速溶咖啡的类比，这场运动也被称作"速溶历史"，而这与丹麦当时历史主义风气的减缓并轨而行。查尔斯·詹克斯坚持后现代主义的二元性，"他坚持认为建筑师必须使用至少两种以上不同的甚至是相互矛盾的形式或风格"。

当时，大多数丹麦建筑师是从正统的哥本哈根丹麦皇家学院毕业的，所以这种信仰很不容易被丹麦人所接受。丹麦的建筑教育虽然有一些不同的风格，但却都是基于堪称经典的传统文化，并且反对简单清晰的建筑风格。丹麦人和日耳曼人将功能主义称为"多雷斯（Doricism）"，因为它融合了新建筑理念与传统思想。

因此，与这一学术思想的决裂首先开始于阿尔胡斯（Arhus）（于1965年创办了自己的建筑学院）也就不令人觉得奇怪了。而该学院也接受了国际式的道路，并且必须寻找到属于自己的风格。此后建筑学院形成了活跃的学术环境，他们放下了传统的重担——无论这是好还是坏。正是以此为开端，丹麦对当代国际风格和理论的翻译整理开始了。查尔斯·詹克斯的二元论，无论是在理论还是实践方面，都明显为其提供了灵感。而这些变化也正发生在三个学生身上，他们正是今后3XN的创办人。他们努力将所谓的"功能主义"传统与形式化的创新结合起来，其中包括

一篇1985年他们为一个地产项目所作的策划："我们的作品是折衷主义的，我们使用对比与并置将新的设计手法融入到传统的风格与形式之中"。他们经常使用文丘里的措辞，诸如：包容性、差异性、矛盾性与复杂性等等。

在我们所知道的项目中，像1986年开始的Villa Atzen（位于Horsens）和1989年开始的Villa Fire（位于Risskov），他们便借鉴了功能主义和像罗伯特·斯特林这样的后现代主义建筑师。这便是解构主义的萌芽，正如它的称呼——插入的元素将传统的空间形式彻底打破。这一点在Villa Fire中就可以看到，因为它包含了两个主要的构成主题：一个厚重的体块锲入丹麦的传统形体与另类的无定形体量之间，粗犷的墙体将建筑入口压入到建筑体量内。在1988年的一次建筑展上，3XN的代表作是一栋长体量的住宅。其整个形体通过壁柱凹洞、凸窗等体量得以平衡，使得建筑内部成为"建筑内的建筑"——再一次演绎了二元性。

于是，这栋建筑无疑成为大胆结合各种风格元素的实践宣言。根据理论家和思想家Hans Peter Svendler Nielser所说，这栋住宅的每个设计、每项抉择都是正当而适当的。而1990~1991年设计的霍尔斯特布罗会议文化中心（the conference and cultural centre, Holstebro）也充满了争议。对于这个年轻的事务所来说，这个项目确实太大了，而设计成果也不是很让人信服。所有希望运用的手法都被呈现出来：迷乱的楼梯、扭曲的形式、各式各样的材料、随意引用的风格片断，然而却最终缺少贯穿整体的控制线索。

也许霍尔斯特布罗市的这个项目正说明了建筑（最终需要的是建造而不是描述）与言论（只需要描述）之间的分歧。但无论怎样，风格多样、包罗万象的霍尔斯特布罗会议文化中心成为了3XN对后现代主义探索的终曲。

一年后，随着霍尔斯特布罗法院（Courthouse, Holstebro）的建成，3XN显示出对商业工具的迫切需求。清晰的平面逻辑和对设计手法的理性控制成为该作品的显著特点。作为建筑主要入口的北立面设有3座超尺度的立柱，整体风格与传统的古典主义十分接近。然而，后退的东翼体量打破了整体的对称格局。顶层的玻璃墙体向室内缩进，机翼造型的铝屋面"漂浮"在建筑上方，将建筑统一成一个整体。这个作品也许不比之前的尝试缺少文学色彩，但是它的手法却更具创造力。因为它既有经典的传统元素，也遵守功能主义原则，而且具有进行学术性解读的图形手法。然而，更多的注意力则集中在建筑的基本问题上：光线、韵律、空间的转换、材料的组合等等。

但最特别的是，创意只有一个出发点，那就是玻璃表面突出封闭的实体，然后以有力度感的屋面进行固定。这一理念在Vingsted中心得以延续。这是丹麦体育运动协会DGI的管理总部。该建筑由两个主体构成，一个两层高的柱体位于一个坚实的基座上，一个方塔体量穿插其中。然而，净化的过程却还依然没有完成：当时流行的元素仍然被保留，诸如厚重的玻璃体穿插进塔的体量中等等。

而1996年开始设计的建筑集团大楼，则完成了他们对后现代主义符号的彻底摒弃。该作品由两个主要部分构成，一个朝向街道的中轴体量和一个朝向水岸的木饰面方盒子。如果不关注细节，那你完全可以将其称为极少主义。其建筑造型主要基于内部功能，特别是南立面上的遮阳百叶窗，无疑是从多米尼克·佩罗（Dominique Perrault）的Biblioteque Nationale借鉴来的，而且由此转变成了一个装饰构件。

3XN从具有理论根基的后现代表现主义风格发展而来，年轻的想法依然被务实、注重建筑与艺术风格的统一所代替，从而成长为能够用最清晰的理念表达自己思想和特色的丹麦建筑事务所之一。

追寻主题

建筑学虽然是一门实用的艺术，但是仍然享有纯粹艺术的盛名。建筑师这一名词也反复地出现在报纸杂志上。享负盛名的建筑师并不见得来自最大的建筑集团，而是那些努力完成高知名度作品的创作人员。多年来，3XN在受人尊重的建筑业界获得了一席之地，并竭力使其作品适应革新的需要。他们依靠自身在经营和实践方面的经验优势，用作品体现时代精神，塑造自我。如果想要在业界保持领先的地位，那么就必须坚持较高的艺术标准，但这也就意味着要有足够的实践经验来赢得业主的信任，从而维持公司的良好运转。此外，公司的企业文化也必须能够激发新颖独创的设计思想，摒弃严格死板的管理方式。

在荷兰，像MVRDV这样的建筑事务所就已经转变了经营思路，不再处理细节和具体的实施问题，而是与在该领域内更加富有经验的团队合作。这一趋势还未进入丹麦，但是其国内已经出现了两种派别。本土派建筑师事务所的业务主要在国内，努力提升当地的建筑品质，其作品水准都在毫无创意的平庸建筑之上。他们的目标是成为优秀的工程师而不是具有创意和独特风格的前卫设计师。还有一派像3XN一样，坚持引领当前的设计潮流，经常在苛刻的经济条件下，不断尝试新的设计思想与建造手法。

平衡

3XN的建筑努力在"实用"与"形式"之间维持平衡。

因为建筑的实用性与现实的完成度有着密切联系，因此其成为3XN自学院学习阶段就坚持的理念。该学院要求建筑具有统一性和简洁性。于是，3XN便沿着这条路一如既往地走了下去。最重要的几何原则、细部和对材料的选择都必须在新演绎的逻辑中具有意义，从而使最终完成的作品达到不能增添或删减任何元素的境界。如果有位建筑师事后突然发现已经定稿的建筑方案需要在核心筒之外增加一部实际确实需要的电梯，那就太糟糕了。你可以认为这只是形式的问题，但是在传统的学术界，只有不受功能控制的形式才是真正的形式主义，这就是平衡。正如在丹麦阿尔胡斯市政厅的加建（town hall annex，Arhus）项目中，用艺术化的玻璃带打破窗户整齐的韵律一样，3XN让美学跳出了传统的条条框框，自由发展。

与一致性和惟理性一齐创造环境和视觉体验的愉悦也因此而生。

进退两难的抉择不仅出现在3XN的建筑方案中，而且也出现在与其相关的实施过程中。一方面，缺少内聚的意识形态为经济界的探讨留下更大的空白来填补，建筑政策和建筑工业也通过减少多余的步骤竭尽全力提高功效。另一方面，非物质价值观从未像现在这样在经济理论中扮演如此重要的角色。美学的经济价值在住宅以及商业建筑中也越来越受到重视。形象就是品牌。

另一项平衡存在于创新和以往解决方案的重新使用之间。保持业内较高的专业水准并成为建筑思潮的开拓人需要持续不断的进步和发展。但是每次都从草图开始就太昂贵了。解决的办法是使用一些经过全面挖掘和不断更新的基本模式，并在新的文脉中，对其进行空间和空间秩序的重新利用和发展。

6

7

8

9

例如3XN在哥本哈根商业学院加建项目（addition to Compenhagen business school，Compenhagen）的竞赛中所作的空间组织。房间大小的空间体量从钢和玻璃的体块中突出出来：这种空间的悬挑手法第一次出现在哥本哈根新信贷总部办公楼（Nykredit headquarters，Compenhagen）的竞赛设计中，然后又在阿尔胡斯SID总部（SID's headquarters，Arhus）中再次使用，这次的悬挑突出物是小餐厅。2003年的DFDS航运中心（DFDS seaways' ferry terminal，Compenhagen）也运用了同样的风格手法。

在创作过程中，虽然建筑的内部功能和建设地点会对基本模式产生影响，但是3XN的特色就在于创造出独特的设计主题。

活力的美学

后现代之后的新现代主义时期并没能诱使3XN向极少主义方向发展。他们也许曾简单化过体量，但当时他们对设计的热情却从室内转到了肌理效果的发掘上来。柏林丹麦大使馆（royal Danish embassy，Berlin）立面的巨大木百叶，建筑集团大楼（Architects' Association building，Compenhagen）以及FIH总部（FIH headquarters，Compenhagen）的立面都通过材料的韵律和转变而富有活力。他们从来不固执地坚持简洁粗犷的风格。在细节方面，他们也不再使用缺少长线条的简洁干净的立面，转而选择富有装饰性的立面风格。事务所为后现代主义风格的作品开发的巨大的、有时具有阴柔之美的色彩就是证明。不过，现在来评论诸如建筑表皮、百叶等构件是很有局限性的。3XN是美术爱好者，因此找到文章配图不是难事，他们的建筑都很上镜。现在的建筑竞赛资格审定时，都要求建筑师提供彩色的简历，当然，竞赛方案也要求是极富美感的。

紧凑

对主题的探索最早运用在办公建筑中。但是商业建筑也很需要标识性的形象价值，业主们同样渴望得到充满阳光的大型灵活空间。

流行的解决方案之一是办公空间围绕着中央的一个通高的大中庭，入口处是一个迎接来客的鲜明巨大的造型。这个巨大的空间容易给人留下难忘的印象，并且能够增加建筑的节能效果。因为近似于立方的体量使外表面积与建筑面积比降到了最低，而且其结构类型灵活间接、经济适用。对于办公空间来说，良好的光线是室内品质的关键所在，因此，对这一立方体模式的进一步修正就是在其中央掏一个大洞，再盖上玻璃顶，而其内部的立面建造也因不需要保温隔热防水防潮而变得非常经济。

拥有一个位于中央核心的交通空间可以节省楼电梯的数量，因此可以把省下来的这部分开支用在其他方面。3XN在阿尔胡斯市政厅（town hall，Arhus）核心筒中设计了一个非常狭窄的混凝土楼梯，而在哥本哈根FIH总部（FIH headquarters，Compenhagen）则设计了一个充满艺术色彩的采光钢楼梯。

3XN的SK办公楼（Sparekassen Kronlylland office building）就是这种空间处理手法的最佳例证。所有的办公空间都沿着中庭呈线性排列，光线透过外立面上的玻璃窗，从四周射入室内。但也并不是所有的3XN设计的办公楼都延续这

6．阿尔胡斯市政厅加建立面
7．阿尔胡斯市政室内独特的连廊和楼梯
8．柏林丹麦大使馆室外立面的百叶
9．柏林丹麦大使馆室内立面的百叶
10．建筑集团大楼富有生命力的立面
11．DFDS航运中心立面上的悬挑手法

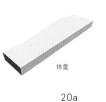
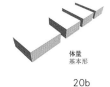

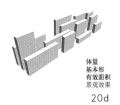
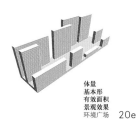
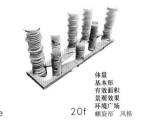

体量

20a

体量
基本形

20b

体量
基本形
有效面积

20c

体量
基本形
有效面积
景观效果

20d

体量
基本形
有效面积
景观效果
环境广场

20e

体量
基本形
有效面积
景观效果
环境广场
螺旋形 风格

20f

一设计思路前进。位于哥本哈根的建筑集团大楼（Architects' Association building, Compenhagen），其办公室就只有很小的窗户开向中庭，原因可能是因为建筑的两家使用方之间的矛盾关系：即朝向街道的丹麦皇家对外事务部和朝向海港的丹麦建筑出版社。因此，这里的中庭既不是彼此联系的枢纽，也不再成为光线的来源，而仅仅是一个大尺度的交通集散空间。在阿尔胡斯市政厅加建项目中也是如此，它那让人留有深刻印象的有顶中庭成为城镇市民们集会的场所，但是对楼里办公室的员工来说，却没有什么作用。

然后，3XN又以这一紧凑型建筑模式为原型，通过在紧凑的体量内插入体量的手法，发展出一种新模式。切入的体量形成了巨大而富有变化的立面，使开阔的办公空间拥有来自各个方向的直接采光和通风。

功能构成

众多的公共建筑都具有功能复杂的特点，因此3XN便选择在统一的大概念下，用一些特别的设计手法来处理每个功能要素。早期的作品实例就是1992年开始设计的霍尔斯特布罗法院（Courthouse, Holstebro）。这栋建筑中，所有的房间通过统一的玻璃立面和巨大的屋顶整合起来。入口本身便成为一个要素，永久展厅和每个特品展室都有自己的体量，然后咖啡厅、小卖部以及管理办公室被安排进一个体量。在希茨海尔斯海洋馆（Oceanarium, Hirtshals）内的水族箱就是一个被插入楼梯空间中的无自身支撑结构的体量。而在阿姆斯特丹的音乐厅中，两个各自占有一个体量的协会之间，则拥有一个大屋盖遮蔽的共享平台。

这些建筑的一个共同特点就是它们的设计都是受到其周边环境的影响，或者可以说是由其内部功能而塑造。与大多数性格内敛的办公空间相反，公共空间往往被希望与它的周

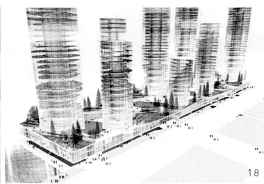

16 17 18 19

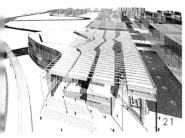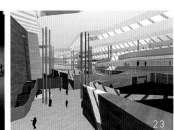

21 22 23

12.建筑集团大楼的中庭
13.建筑集团大楼的中庭
14.阿尔胡斯市政厅室内大中庭给人留下深刻的印象
15.霍尔斯特布罗法院外观
16.霍尔斯特布罗法院体量模型
17.希茨海尔斯海洋馆室内
18.奥斯陆布加维规划透视渲染图
19.奥斯陆布加维规划总平面图
20a～20f.奥斯陆布加维规划体量分析图
21.22.丹麦广播公司新音乐厅设计竞赛室外效果图
23.丹麦广播公司新音乐厅设计竞赛室内效果图

边环境融为一体，不论是融入已有的元素还是为该区域带来引人注目的新形象。对其外表的塑造与内部一样重要。

大尺度规划

在3XN的规划作品中也体现出一个鲜明的设计手法：那就是贯穿整个建筑群之间的独特元素。位于蒙特利尔的文化管理中心(the cultural and administration complex, montreal)和奥斯陆布加维规划(bjorvika buildings, Oslo)的建筑群都很好地说明了这一点。庞大的建筑群丝毫没有借鉴周边的建筑风格。

新的表现手法

在最近的作品中，3XN对空间的处理手法显得更加自由，不同性质的功能空间被编织在一起。例如，在丹麦广播公司新音乐厅(Danish Broadcasting Corporation's new concert hall)的竞赛设计中，其后台和休息大厅被一块斜板分成了两层。此外，还有两个容纳着CD阅览室、办公室和工作室的相互缠绕的"管状"空间悬吊在屋顶下方。而自由的波纹造型的音乐厅空间则脱离在主体结构之外。

通过使用插入体量和中央核心空间，3XN竭尽全力地将高品质带入整齐理性、功能单一的办公建筑中。然而，为了利于更加富有特色的设计手法的发展(无规则空间的并置、凸凹以及强视觉效果的连接体等)，3XN又毫无顾忌地摒弃了那些以前的设计手法。

建筑是一门实用科学，需要不断地在理性的准则与美学的诱惑之间寻求平衡点。而3XN则成功地在这两者之间找到了最佳平衡。

作者单位：北京市建筑设计研究院

丹麦福利住宅

*Care residences and
facilities concerned*

建筑师：丹麦3XN

项目地点：Slagelse

建成时间：2001年

建筑奖项：2002年Slagelse建筑奖

建筑面积：6750m²

福利住宅区周边风景优美，与现存的传统风格建筑物相毗邻。新建筑群格调统一、均质清晰。区域规划突出了小区周边的山脉、森林和池塘等景观特色。

整个规划中有4栋住宅布置在池塘岸边，而第5栋则是主体建筑的联系体。

每栋住宅都设有室外通往建筑内部的入口，因此，无论是这里的住户还是外来的参观者，都不需要通过社区会所就能够经过花园直接进入每栋住宅。

两层高的住宅空间中，所有的功能用房均围绕着中央的两层通高的大厅布置。

每套公寓面积约为50m²，含有起居室、卧室、盥洗室以及带有开敞式厨房的客厅。所有公寓的起居室都设有通往阳台或露台的出入口。

从卧室和客厅都可以直接去往盥洗室。起居室和卧室之间用灵活的隔断进行分隔，这样就能够让卧床不起的老人融入起居室内的日常生活中。

客厅区被设计成一个两层高的空间，并有一个开敞的火炉，在这里全家人都能够享受家庭交流和社会交往的乐趣。

*丹麦3XN事务所供稿

丹麦节能住宅

Eco—house ´99,
sustainable dwellings

建筑师：丹麦3XN

项目地点：Bramdrupdam，Kolding

建成时间：1998年

建筑奖项：年度建筑奖

建筑面积：5100m²

这个项目在1996年丹麦的经济适用住宅设计竞赛中获得了一等奖。因为丹麦对大众型经济适用住房的建造预算控制得非常严格，所以那些具有创造性的生态设计往往是不可能实现的。因此这次竞赛的观点就是，基于新生态技术预计所能达到的节约效果，而允许增加一部分预算。

该设计的核心理念就是太阳能墙体、外表面控制以及利用地形。太阳能墙板产生的热空气直接流入公寓的混凝土截面中，形成热源一样的效果。

热量在夜间慢慢释放，从而能够显著节省能源消耗。

此外，其他的生态设计还有公共洗衣房和中央垃圾道对地表水的再利用。

该住宅项目坐落在日德兰半岛上一处平坦的绿地上。59套住宅像基布兹（一种现代以色列的集体农场居住形式）那样集中排列，较为狭窄的宅间甬道上偶尔会出现朝向大景观的开口。住宅的规划布置最大程度地保留了原有区域规划的想法，即具有几何秩序的高密度住宅区，以便能够获得引入周边美景的开阔空间。住宅体均为两层高，设有1间至3间卧室。其中65m²的两室户型有12套，85m²的三室户型有36套，95m²的四室户型有11套。此外还设有专用货棚、公共活动室以及垃圾站。

区内每三栋住宅为一组，形成了清晰的小组团结构，从而提供了良好的社交环境，阻止了犯罪和破坏行为的发生。住宅内部，设计的重点则放在了为住户提供高质量的空间感受上。

建筑体量由三个主要部分组成：朝北的厚重的砖墙、

朝南的轻盈的立面（镀锌、镀磁漆的不锈钢板和铝板以及玻璃幕墙），以及作为每户入口的松木饰面厨房体量。厨房如同从厚重砖墙上突出的方盒子。厨房、楼梯和卧室周边的承重墙体为轻质混凝土。居室都有南向采光，起居室内设有灵活隔断，以便为将来空间的变化提供可能。住宅采用经试验证明效果良好的传统材料用作室内装饰，如清漆条木地板、地板砖以及涂料墙纸板和吊顶板。公寓朝向为南偏东15°，这在丹麦是接受太阳光线最好的角度。摒弃了突角、天窗和凸窗，建筑的外表面积降至最低，这不但削减了热量损失，而且减少了立面上的阴影。

南侧设有一堵两层高的被动式太阳能吸收墙。吸收的能量可以用来加热吸入新鲜的冷空气。从约一半面积的屋面上所收集的雨水被公共活动室地下室内的水箱储存起来，经过太阳能收集器加热后，可用作洗衣房用水。这是建筑师在电气设备与给排水方面所作的生态节能措施。

*丹麦3XN事务所供稿

丹麦滨水住宅

Residences at Amerika Pier
建筑师：丹麦3XN
项目地点：Amerika Pier, Copenhagen
建成时间：2002年
建筑面积：9700m²

这幢位于哥本哈根港口区域的住宅是一栋84mX14m的紧凑实体，其设计需要与周边的老房子相匹配。与那些老房子一样，这栋新公寓也有一个两层高的巨大基座。错落的窗户和阳台以及从深灰到红的砖色变化，让整栋建筑特色鲜明。

与住宅相配套的停车场的面积要大于建筑的基底面积。于是，设计师将其置于一个抬高的平台上。这个面朝港湾的硬质木板平台也成了本楼住户独享的室外空间。不需要任何屏障，仅仅将平台升高就让该空间既获得了私密性，又有开敞通透的效果。

78套公寓就容纳在这个6层高、设有3座楼梯间的体量内。公寓顶层是6套豪华复式公寓，并且每套都设有与室内面积相当的屋顶露台。此外还有75套约75m²的两室一厅住宅和4套115m²的公寓。面积较大公寓的户内空间都围绕着中央的"用水"核心区，而起居室则是东西通透的空间。这种开敞式设计让烹饪和就餐行为成为家庭的核心，因此形成了活跃的都市生活气氛。面积较小的公寓则朝向东侧的港湾，并且所有的房间都能够欣赏水景。所有公寓的阳台都有一部分空间渗入户型内，从而形成较为私密的环境。阳台的面积足以用来设计成某种格调的功能空间，也能够通过装饰使其成为起居室的一部分。

*丹麦3XN事务所供稿

Residences Emiliedalen

建筑师：丹麦3XN

项目地点：Emiliedalen, Arhus

建成时间：1992年，1996年

建筑规模：340户

该住宅所处的环境是非常适宜人居住的地域，并且形成了当地低层花园住宅／联排住宅的新标准。这个地区有340栋住宅，其中绝大部分为两室或三室的户型，只有很少几套一室或四室的住宅。这些住宅分为两期建造。

所有住宅普遍具有的特点就是能够根据光线和空间对划分好的空间进行灵活优化。这些住宅设施齐全，具有很多往往是独栋住宅才能达到的居住品质。

Emiliedalen的住宅类型多种多样，其中包括独栋住宅、花园洋房，以及带内天井的合院，从而形成了丰富的景观效果。多种形态的建筑类型建构了良好的邻里社交圈子，但同时，整体统一的特色又让所有的住宅成为了一个整体。

建筑组团的造型和规划既尊重当地美丽的山地环境，同时又充分利用和塑造了周边的景观。在小区周边游走，你会惊讶于环境的美丽，同时也赞叹建筑与自然之间的协调融洽。

＊丹麦3XN事务所供稿

Norra Hamnen Residences

建筑师：丹麦3XN

项目地点：Norra Hamnen, Helsinore

建成时间：1998年

建筑规模：55户

Norra Hamnen位于海辛堡市中心的滨水区域。

　　经过长期的探讨，最终得到的完美方案是由哥本哈根著名建筑师Vandkunsten的规划和3XN事务所的建筑的结合。3XN事务所的建筑物包括朝向码头的高层和与其相连的相对较矮的低层，以及一栋简洁的停车楼。3XN事务所能够入选的原因正是他在滨水建筑方面的设计经验以及公司所秉承的现代派设计风格。他们的建筑之所以能够具有鲜明的特色，就是因为具有纯粹的表现力。而该公寓也因其景观、通透性以及室内空间的灵活性而著称。

　　*丹麦3XN事务所供稿

丹麦青年公寓

Youth Residences, Roskilde DK

建筑师: 丹麦3XN

项目地点: Lysalleen, Roskilde DK

建成时间: 2002年

建筑面积: 9000m²

3XN曾经做过一个规划方案, 其中有一小块用地是250套青年住宅, 总体规划是基于开阔而现代的都市风景。青年公寓的创造性就在于它为住户提供了两个房间而不是传统的吃睡在一起的单间。

在新公寓中, 你可以划分出不同的功能空间。这样就为在传统青年公寓的模式框架中重新组织空间提供了可能。并且朝走廊的大面积可开启玻璃门以及东西朝向的排布方式, 使户型的面积有所增加。青年公寓分为五组团, 每个组团包括两栋住宅, 它们之间是一个庭院和一个两层高的厨房。组团围绕着中心部分的绿色中庭, 可以举行大型的聚会。这里可以被当作花园、运动场以及会议厅, 当然在视觉上也可作为公寓空间的延伸。

*丹麦3XN事务所供稿

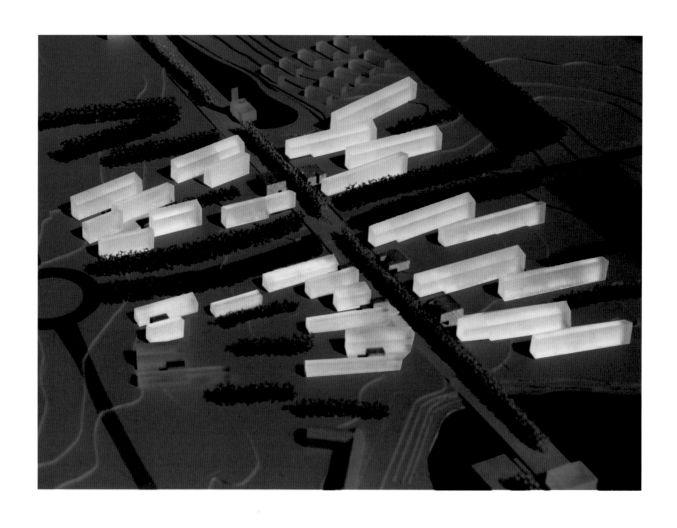

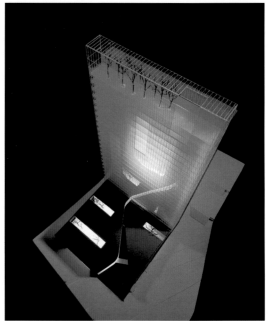

Vuosaari Tower

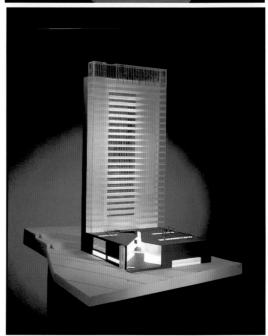

建筑师：*丹麦3XN*

项目地点：*Vuosaari，Helsinki，Finland*

建成时间：*2004～2007年*

建筑面积：*裙房6600m²*

塔楼11500m²

Vuosaari位于芬兰首都赫尔辛基的郊区。最初，设计方案只包括办公、咖啡烹饪设施以及调味品仓库，但是业主最终还是决定将项目定位为大型居住社区，并配有购物广场和地铁站。于是，Vuosaari的标志性建筑诞生了：一栋100m高的、拥有芬兰海湾美景的豪华公寓住宅楼。

这场竞赛集合了众多国际大牌建筑师，如美国的斯蒂文·霍尔，日本的桢文彦等，而3XN却最终赢得了胜利。因为3XN的设计贯彻了理性、规则和清晰的理念：一个L形的直角体量，底层设有商店和餐馆，上部为住宅"高塔"。

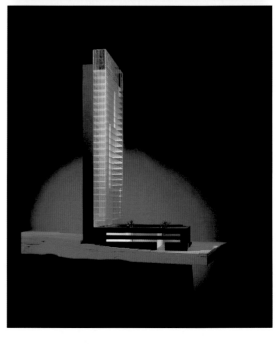

然而，随着承包人的确定和设备专业的调整，方案也在不断调整，工程有望在2007年完工。每层楼的公寓都呈线形排布，并且每户都拥有朝南的房间可眺望港湾的美景。随着楼层的升高，公寓的套数也在不断减少——从5套降至2套。住宅入口设在建筑南侧的开敞平台上。进入公寓后，先穿过住宅中的"湿区"——这里设有盥洗室、桑拿屋以及厨房，便来到朝南的起居室和卧室。这些房间均可通往隐藏在活动玻璃墙体之后的阳台。

*丹麦3XN事务所供稿

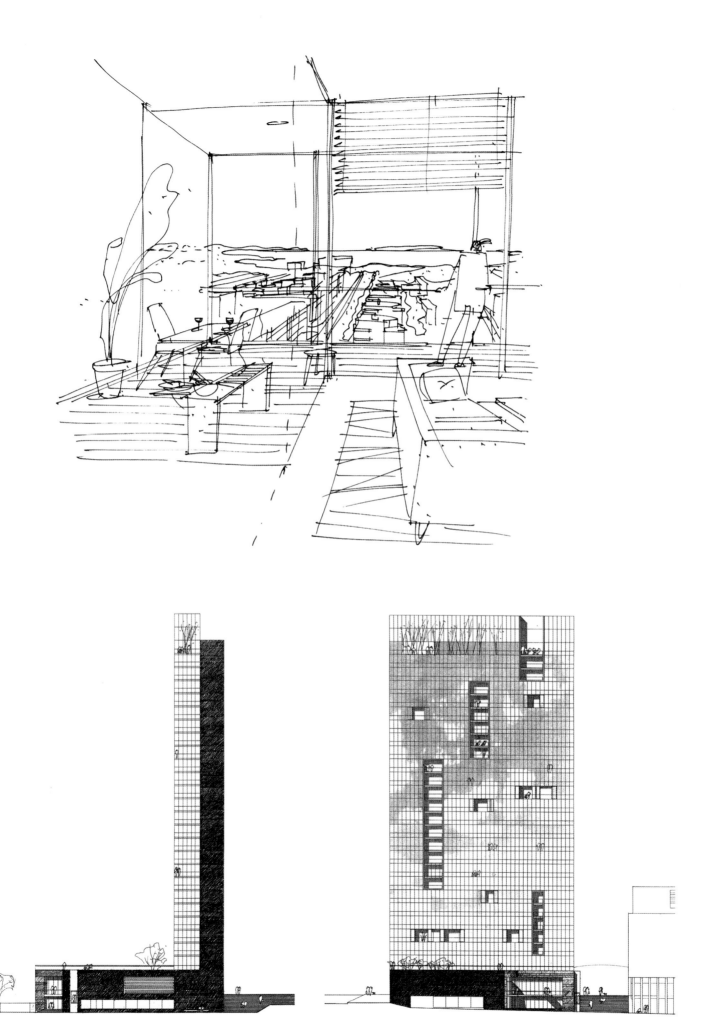

Tietgencollege Copenhagen , Denmark

建筑师：丹麦3XN

项目地点：Rued Langärdsvej, φrestad, Amager

建成时间：2002年

建筑面积：30000m²

Tietgen学生公寓的设计目的是为了适应年轻人意想不到的新生活。主体建筑呈折线形，与垂直正交的规划格网相矛盾，但是却将整个用地结合成一个整体。而较小体量的建筑物则围合出属于公寓的半公共性休闲空间。

深色的砖墙和浅色但是整体的木窗框使建筑形成了一种温暖的肌理。方整的厨房体量以变化的韵律突出于建筑，使得整个立面富有细节。

公寓的每层含有5、6个住宅户型，其间被朝向落地推拉玻璃门的休闲空间彼此隔开。建筑立面不时地被一些"凹洞"贯穿，从而形成了通透的室外空间。

*丹麦3XN事务所供稿

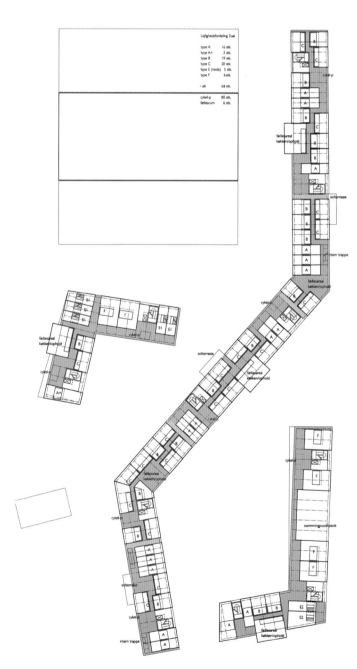

Lejlighedsfordeling 3.sal

type A	16 stk.
type A+	2 stk.
type B	19 stk.
type C	20 stk.
type E (nede)	5 stk.
type F	6 stk.
i alt	68 stk.
cykel-p	80 stk.
fællesrum	6 stk.

在现状中建造—对现状的再利用

在这个住房供给充足的年代，住宅的建造理念正逐渐从数量向品质转变。在欧洲，无论是二战还是城市复建或现代化更新，都造成了对历史建筑遗产的伤害。于是人们在对待历史遗产时也就格外地谨慎、敏感。

1975年是欧洲历史遗产年，也是一个重要的转折点。这年发起了一场关于建筑文化遗产的大辩论。正是得益于这场讨论，在后来的几年中，一些重要的历史建筑在塌毁前被抢救下来，得到了应有的维护和修整。

今天有一个越来越尖锐的问题摆在我们面前：我们不仅要保护那些历史遗产，还需想方设法为它们赋予新的生命力。为了给出答案，欧洲在过去的几年中，用了各种建筑手法，做了大量的尝试。如今"在现状中建造"已被立为一个专门的建造课题。

在最近的第十届威尼斯建筑双年展中，在"城市、建筑与社会"的主展题之下，德国的主题"可变的城市——密度稠化与边界淡化的模式"有意讨论了德国城市中的建筑改造问题。Claus Käpplinger，这位来自柏林的建筑评论家和城市研究者，写了一篇理论性的文章，展示并分析了理论上和建筑学上的各种改造观念。接下来的这篇文章是双年展原稿的修订版，它向我们展现了在建筑改造中，方式各异的改造策略。

——盖尔德·库恩

Bauen im Bestand-mit dem Bestand

In einer Zeit, in der die unmittelbare Wohnungsnot behoben ist, findet eine Verlagerung vom quantitativen Aufbau zum qualitativen Ausbau statt. Gerade der Verlust der historischen Bausubstanz durch den Zweiten Weltkrieg und die Folgen des Wiederaufbaus und der Modernisierung führte zu einer größeren Sensibilität im Umgang mit dem historischen Erbe.

Eine wichtige Zäsur stellte das europäische Denkmaljahr 1975 dar. Die ausgelösten Debatten um das baukulturelle Erbe bewirkten, dass in den europäischen Städten in den folgenden Jahren sehr viele bedeutende Bauwerke vor dem Verfall gerettet und denkmalgerecht saniert wurden.

Immer stärker stellt sich heute die Frage, wie nicht nur das Alte bewahrt, sondern auch kreativ weiterentwickelt werden kann. Es wurden in Europa in den letzten Jahren zahlreiche Versuche unternommen, das architektonische Formenrepertoire zu erweitern und das Bauen im Bestand als Bauaufgabe zu etablieren.

Auf der letzten, der 10. Architekturbiennale in Venedig, die unter dem allgemeinen Motto "Cities. Architectur and society" stand, setzte sich der deutsche Beitrag "Convertible City - Formen der Verdichtung und Entgrenzung" bewusst mit dem Umbau unserer Städte auseinander. Claus Käpplinger, Architekturkritiker und Stadtforscher aus Berlin, verfasste einen theoretischen Beitrag, der sehr differenziert die sowohl theoretische, als auch architektonisch vielfältige Debatte aufzeigt. Der nachfolgenden Beitrag ist eine Überarbeitete Fassung des Biennale-Beitrags und zeigt die unterschiedlichen architektonischen Strategien der Umnutzung des Bestandes auf.

——Gerd Kuhn

建筑改造的多种可能性

——结合当前的城市现状，谈老建筑的新魅力

Diverse Possibilities of Renovation
New charm of old buildings and their integration with the present context

克劳斯·开普林格 *Claus Käplinger*

"…the real is not impossible; it is simply more and more artificial…"

"真实不是不可能的，只是它被巧饰得越来越假。"

Gilles Deleuze/Félix Guattari, Anti–ödipus[1]

当今社会已从兴办工厂的前工业时代过渡到弄潮市场的新经济时代了。仓库改装成高级住宅，兵营被更新成大学校舍，监狱也改头换面成了档案馆。所有这些显示了当前人们对老建筑改造的兴趣——它们的功能不再被自身的历史所限制，有了更广阔的建筑改建的空间。于是越来越多的老建筑被改用和改建，这也向城市变化的尺度和速度提出了新的挑战。现代潮流在自身的定位上，会故意与历史城市划清界限，并将自己置于激进的新观念上。这样看来，当前的建筑学越来越依赖存在的实体来实现自身的定位。建筑改建与改用已不再是边缘话题，而应被当作发生在高速变化社会中的核心问题来对待。

建筑和城市规划大会想针对"善待城市资源"及"可持续发展"这两个课题展开讨论，这些议题其实是针对意义越来越丰富的老建筑功能改造，尽管人们无心过问改造问题的由来和起源。从很大程度上说，它其实是一次意义深刻的价值观的转变，建筑师、政府及业主们都越来越频繁地要求更新建筑的原貌。对过往历史全新的评价、新生事物之间越来越紧密的关联，这些现象的出现都需要找到新的定位。

现今，我们与建筑遗产的关系，无论在城市空间上还是建筑实体上，首先表达了一种"补偿需要"，希望通过放慢城市面貌的更新速度，来弥补现实世界飞速变化给我们带来的精神损失。德国哲学家Odo Marquard在他的著作

《小人类学的时间》[2]一文中指出："现代世界发展得越快、新生事物让我们觉得越陌生，我们就越需要保持历史的延续性，并将它们带入未来。"当今世界，不仅革新的速度越来越快，人们对"不急不躁维护历史"的需求也在提高。尽管现在我们遗忘和丢弃的比以往任何时代都多，但今日我们需要回忆、需要尊重的、需要小心翼翼妥善保存的也比以往任何时代都多：这既是淘汰的时代也是收藏与珍惜的时代。或者说，"新时代中的反迷信其实只是被一种特殊的美学迷信所替代。全球化和世界一体化将通过区域化、本土化以及个性化来弥补、平衡"。[3]

人类文明的发展为我们理解和处理建筑与城市的关系带来了怎样的后果？1996年，法国的文物保护历史学家Francoise Choay女士在她的著作《建筑学的遗产》[4]中提出了这一问题，并批判性地评价了图像为建筑所附加的含义。"在我们眼中，相片是一种纪念品，它很好地迎合了我们这个时代的个人主义。照片是私人设立的纪念碑，照片能从形式中提炼出语义，尤其是纪念性的语义。这类纪念品起着信号一样的作用，通过图像在公众媒体、电影电视中的传播潜入社会之中。当这些形象只作为图片，不表达具体的意义时，它会集中体现建筑的象征性价值，而忽略它们的实际使用价值。在新的通讯技术的帮助下，任何建筑都能脱离实际现状摇身变为'纪念性建筑'。"

一、以历史为素材

新时代的三位一体，即独立的个体、私有化以及神圣化，表达了当今我们对建筑遗产的态度。建筑物的价值越来越多地体现在个体的神圣感和社会文化的重新调整上，而不再是早先的建筑功能与社会意义上。杜塞尔多夫的纪录片摄影学生Bernd Becher全球性的成功，在高层文化领域被Thomas Ruff，Thomas Struth等人解释为：他最先将目光投向了那些即将消失的地区。建筑体脱离了原先的功能，借助每一次的活动来获取存在的意义。那些带来纪录性外表的内容，极少讲述建筑的真实状态，而是把近期人类文明消耗所留下的印迹给神圣化了，它把这些印迹具像成物体，置于一个没有深度、没有社会特征的场所中。

每种类型的建筑都能在今天获得新的意义，只要人们不把它尊作历史遗迹供奉，也不把它当作特殊的标志性纪念项目处理。一些叛逆的新改造法，在这个新纪元里，以讽刺的方式，通过建设项目中反金字塔结构、反历史化的过程来推动自身的发展。这样，气质与平民房屋有别的、从历史信息和固定模式中解脱出来的建筑与曾属于特权阶级、带有特定功能的各类建筑，都能成为受欢迎的可"剪裁加工"的原材料，被重新解读、改造。

在西方工业国家，虽然历史再次以文化核心的身份，名正言顺地干涉建筑和城市设计领域，但这种对地方历史文化的救助也常被视为市场运作的工具。一方面，历史变得如此地薄弱，成为可有可无的地方因素。至少，在考虑旅游业的吸引力时，它无法胜过受人瞩目的经济效应。新兴城区的发展和增值，总是以丧失原有的社会环境和自身的历史背景为代价的，它们不再只服务于本地居民，而是以服务性行业的身份，满足过往游客的需求。

二、寻求新的个性化模式

众所周知，当今社会对于图像和令人过目不忘的个性化模式有着很大的需求。面对当今社会越来越快的更新速度、以及不可避免的相互接触交流，它们需要在这个地球村的多元文化环境中，给自己提供不同的身份与个性，以此作为一种有效的补偿。"新都市化"理论下的新传统主义者与新古典主义者不仅对建筑学的波普主义有全面的认识，也对试图与复古运动划清界限的当代建筑有所了解。

如果波普主义的建筑作品在城市边缘地区越来越占主导，那么在很多西方国家，当前的建筑行业就会出现越来越多的建筑改用和改造项目，改造对象至少是早期的工业和产业建筑。它们体量巨大、租金低廉、空间简洁实用、室内气氛空旷独特，所有这些特质都吸引着人们用新的设计方案去改造它，在它的室内注入综合性的功能。

粗略来看，这些项目的受益人通常都是"时代产业"的企业和参与人，他们当今表现出对老建筑和当代干预的极大兴趣。"时代产业"主要指的那些新兴的隶属于通讯、网络和媒体的服务产业。这些产业的业内人士在老建筑的"阁楼"里，找到了一种朴实的场所，它提供了带有触觉和视觉质感的空间体验。对于在电子虚拟世界工作的人来说，这样的场所无疑是一种精神补偿。最终这些年轻的专业人士将要求更多样化的空间体验，追求更紧密深入的交流和建筑中不可替代的个性化气质。

传统的单一办公、居住建筑被冷落，现在人们感兴趣的，是那些气氛灵活自由的老式建筑，比如老的商用建筑、港口仓库、能源或工业建筑等。某些产业员工层年轻，极少有人大于40岁。这类产业既无自身历史，又无可追溯的建筑类型。在欧洲，其迫切需要能为自己带来身份认同感的场所，这些场所的历史一般都能追溯到信息时代之前。它们能给人一种真诚可靠的感觉，同时也散发出纯朴自然、好似"手工制造"一般的气质。

这样一来，对建筑师的要求也就提高了。由于房地产市场目前的运作周期越来越短，而越来越多的老建筑在经济发展的推动下成为新的待改建项目，因此建筑师的角色逐步由设计者转变为项目策划者。功能改造意味着要发展出混合模式的使用功能结构，各使用功能的场所安排越来越多地由建筑师而非甲方来制定。除老建筑改造外，新老建筑之间的衔接项目也成了热门的设计课题。这些项目也给建筑师提供了新建设计的机遇，实现从整体到室内的建筑设计。

三、建筑改造的概念性策略

为了实现建筑物的改建或加建，建筑师们寻求着多样化的概念性策略：要么是求同，即把新旧部分融到一起；

1a. Quinlan Terry：摄政公园里的别墅，英国伦敦（模仿策略）
1b. Patschke 联合建筑师：Adlon 酒店，德国柏林（模仿策略）
2a. Erick van Eegerat：莱比锡大学主楼，在整体气质上效仿被毁的
Pauliner 教堂（适应性策略）
2b. Sir Norman Foster：柏林国会大厦新加圆形屋顶（适应性策略）
3a. Jürgen Mayer H.：租用房改造，德国柏林（伪装策略）
3b. Peter Kulka：古典院落改造，德国慕尼黑（伪装策略）

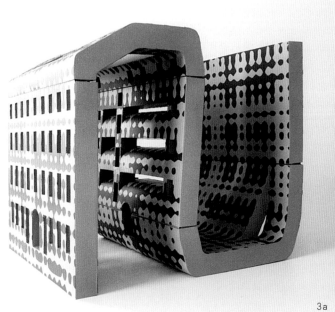

要么是存异，即明显地把它们区分开。近十几年来区分新旧的新类型策略，超越了以前的传统概念（比如或多或少保持了新老之间传承和连续性的模仿策略、伪装策略及适应性策略的各种变体），赢得了更多的理解和支持。面对新旧混合的空间项目中的复杂性，出现了越来越多将新旧体量清晰并列的改造策略。它们特爱强调内部与外部的差别，由此带来了新的流行趋势：不仅历史建筑的改造有标识的必要，就连一般建筑在改动后，也会特意做上标记与原状区分开。

● 模仿策略(Imitation)

当今以Andreas Papadakis和Quinlan Terry为首的建筑师们走的是模仿策略之路。他们在形式上、材料上以及类型上都试图天衣无缝地延续老建筑的特征，尽可能地向古典主义靠拢。

● 伪装策略(Camouflage)

而伪装策略在艺术和伪装方法上则有更丰富的可能性，也更具设计感。于是，在原有的立面身后可能藏着全新的建筑；当然也可能是让人惊叹的崭新的建筑表皮裹着一幢古老的房子，以使它在视觉上更含混暧昧。Peter Kulkas在慕尼黑的Lorenzistock项目便是其中一例。

● 适应性策略(Emphatische Adaption)

不求细节上的忠实信守，只求在感觉上延续老建筑的风格，这就是建筑师们在适应性策略中所追求的目标，当然，这样也避免了沉迷于琐碎细节所带来的危险。在这类

策略里，形式和城市形态都是不可侵犯的，而材料和类型却是能自由加载和演绎的。举例来说就好比在Spoerris区地中海的节日庆典设施或者Helmut Riemanns在Ostfriesischen Norden的"新路"项目。

● 现代策略(Modernism)

两个曾受人青睐的现代策略，Maniera Povera策略和修正策略，则几乎要消失了，它们的概念来自对历史现状的思考。Maniera Povera曾经在德国战后现代主义的风潮中红极一时，它故意在局部使用一些廉价裸露的材料和结构来重建那些毁坏了的建筑。这个类型里目前比较出名的例子只有Doellgast在慕尼黑做的"老Pinakothek"项目。所有新修的部分，都用对比明显或结构清晰可辨的方式被植入老建筑中，并保证新老之间的协调与融洽。当今仍旧追随这一策略的几乎只有瑞士的建筑师Miroslav Sik。修正策略，是在构造或类型上迎合并适应原状的策略。它的代表作品是当时由Franco Albini、Giancarlo de Carlo，以及Luigi Snozzi修整维护的意大利战后建筑。不过今天这类作品也非常少见了。这种策略致力于实现新老部分在结构和形态上的共生，可惜除意大利以外，其他欧洲国家似乎对它没多少兴趣。

● 拼贴修补策略(Bricolage)

拼帖修补策略则展现了另一种处理新旧冲突的手法。这种策略尝试将新老部分作为一个完整的对象来处理，不过旧有部分将借助建筑形式和材料上的改造，以一种可以辨别的区分方式，与新建的部分形成对比。这种拼凑修补

4a.Döllgast：古典艺术区，德国慕尼黑(Maniera Povera策略)
4b.Herzog／de Meuron：Küppersmühle 艺术博物馆，德国杜伊斯堡(Maniera Povera策略)

5a.Knerer/Lang：一个板式住宅的改建，德累斯顿新城，德国（修正策略）
5b.Augustin/Frank：兵营改建，柏林十字山，德国（修正策略）
6.Chestnutt/Niess：古典宫殿改造，并将监狱改建成Bad Liebenwerda城的地方法院（拼贴修补策略）

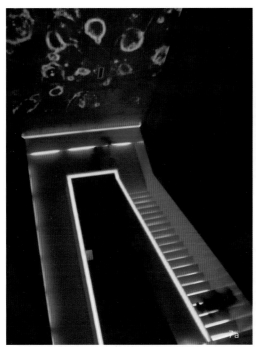

7a、7b．Rem Koolhaas与Theo Böll：关税联盟的洗煤厂被改造为展览建筑，德国埃森（聚集式陈列策略）

7c．BRT：Falenried城的办公建筑被改造成阁楼，德国汉堡（聚集式陈列策略）

8a、8b．Deadline联合建筑师：租界房的加建 柏林市中心，德国（寄生移植策略）

策略的子方案之一就是Scarpismus（Scarpa主义），它是一种由Carlo Scarpa倡导的建筑风格，借助带有说明性的打断、留缝、分层等细节处理，既加强了新建部分同原有建筑背景的对话，又开拓了一种新的空间感受。在80年代和90年代早期，这一修复策略被广泛流传。

• 聚集式陈列策略（Assemblage）

在这一时期，极端的″聚集式陈列策略″在业内受到了极大的关注。它的设计理念建立在美学的原则上，将新旧部分完全脱开，通常还会依托解构主义的理念。传统的空间连续性被刻意打破，以烘托出新的连接体，或衬托出以前的空间与体型。它讽刺性地对传统的改建方式提出置疑。旧有的建筑在这里只是一种原材料，只有经过建筑手法的干预后，才能赢得意义。Enrique Mirailles、蓝天组以及Eric Moss都是这一领域的大师级人物。

• 形态学策略（Morphologische Transformation）

从形态学的角度进行改建的形态学策略，在目前来看

9. Graft：60年代的办公建筑被改建为牙医诊所KU64，德国柏林（形态学改造策略）
10. Anderhalten建筑师事务所：汉斯－埃斯勒音乐学院演奏厅的改建，德国柏林（内省性独立方案）
11a.11b. Anderhalten建筑师事务所：汉斯－埃斯勒音乐学院演奏厅的改建，德国柏林（房中房）

11a

11b

12.Valerio Olgiati：黄色房子，瑞士福利姆斯城（瑞士盒子）
13．"空间实验室"事务所：共和国宫内的人民宫殿，德国柏林（临时性策略）

相对比较年轻。这种改建方式对原有建筑的材料和建筑肌理没多少兴趣，它的目标在于将原有的建筑体融合到新的、更大尺度的形态之中；它既追随美学原理，又尽可能地吸收借用生态学和计算机设计。这些现有的建筑被扩大或笼盖，以形成新的、超越欧几里德几何的建筑形态。跨过传统城市的形态，跳出它们所给的网格和几何学的局限，试图用自己的成功作为城市动态发展的催化剂，并引入一种带有韵律的城市结构。在此引用一下音乐理论家Diedrich Diedrichsen谈渐变效果时的话——"新的事物不是从易懂的已有常识中演绎出来的，但惊世之作却需要人们用已有的知识去理解它"。5

● 移植策略(Parasit)

另一种带有中立色彩的策略，是注重建筑现状的类型、材料、形式的移植策略。它有两个热门的分支，一个是内省独立方案，一个是寄生移植方案。改造的体型和空间，带着清晰明确的逻辑，被植入到现状环境中。这种方式是具有颠覆性、带有幻象的，它试图在现实世界内部创造另一种真实感。很快，这些新植入的陌生元素就融入到原有建筑中，毫不拘礼地嵌入已有的建筑代码里。

内省独立方案喜欢把令人惊叹的效果和独特的情调植入房屋内部。它主要依照房中房原则，在建筑内部将新旧清晰地区分开。由"Anderhalten"建筑事务所在柏林主持的"Hans Eisler音乐大学"演奏厅改造项目就是其中一例。但一些更年轻的建筑师们，诸如"嫁接组"则执着地遵循内省与渐变原则，将老建筑的内部彻底地翻新，比如"柏林Kudamm牙医诊所"项目。

与内省性相对应的要算寄生移植方案了。这类方案出现在80年代末，并很快流传开来。它以一种外向、活跃的方式把附加的寄生体植入老建筑内。多数情况下，"寄生体"都在半空安营扎寨，享用主体建筑内的基础设施，却并不刻意寻求与建筑原状的对话。它们宁可把自己理解成有局限性的临时措施，就像是对老建筑刻意安排的干扰；或者为城市意向的扩充给出一种建议和可能性，比如Stefan Erberstadt的"背包房"项目。与内省性方案相似的是，它也是一种只作有限干预的改造策略，因为它想努力表明，我们无需执着于追求对建筑和城市作创造性的改动。

● 瑞士盒子(Swiss Box)

与寄生移植方案完全对立的是一个名为"瑞士盒子"的全新策略。它激进而极端地将现有的建筑彻底清空，把结构和构造减少到最基本的状态。"瑞士盒子"的目标在于建立一个全新的建筑体。它以一种激进的态度来抗衡那些带有噱头的建筑表演。在他们看来，建筑本来就应该为人类沉思和交流而设的结构框架，只需在物质上满足最低要求的房子，除此之外皆为多余。由Valerio Olgiati在瑞士福利姆斯城做的"黄色房子"，或是在巴黎由Lacaton & Vassal设计的"东京趣味"都属于"瑞士盒子"策略的先驱和典范。

四、都市化所面临的挑战

许多已知的改造策略在建筑的实际应用中很少以纯粹、独立的方式单独出现，多数时候，改建项目都融合了好几种策略。不过，在形态上区分新旧的改造策略，已成为当代建筑中无法逆转的趋势。原因之一是，对现有建筑作整理布置的建筑学正在逐渐地丧失吸引力；另一个原因则是有限的建造预算。当然，建筑师们也会优先选择那些明了的嵌入式方案，以表现当代建筑的风貌。

与当下的建筑摄影学相似，建筑环境主要被作为视觉的背景，于是建筑边界在设计中就被取消了。改建项目逐渐地由公共委托转向私人委托，这迫使人们认真将那些公共场所划分成半公共的、互相隔离的空间。这也对建筑师提出了更高的要求，他们不仅要扮演项目开发者的新角色，还要在越来越混杂的改造项目里成为社会沟通的交际家，并通过新的公共策略来平衡业主间的利害关系。

通过在德语区的试验研究，人们预计在不久的将来，将有超过60%的建造活动发生在已有的建筑之内6。六七十年代的建筑在当今会被重新规划、处理，它们将向连续结构和单一功能空间等自身问题提出挑战。这些挑战至少能把那些被市场冷落的办公建筑重新装扮成有吸引力的住宅建筑。巴黎自1994年的大规模发展实践便是如此。

建筑师会选择怎样的改造策略，完全取决于个人倾向和风格。Georg Dehio，这位德国文物建筑保护专家早在1905年就曾说过，我们要避免老城的博物馆化，城市建设应该更具创造性。出于对实体复原过度执着而带来的伤害，对文物来说，有时甚至比简单的放任自流所带来的损失更为严重。

一些非常年轻的建筑师越来越多地用让人惊诧的新形式来介入原有的建筑空间，想以这种方式来对抗实体复原的博物馆主义。与此同时，它以最少的代价，恢复了城市在经济上的价值。

这些表演因素、突发因素、现状因素或者环境因素总是游弋在艺术与通俗之间，就好像一个任由建筑师漫步的移动通廊。它们有意识地把自己置于临时互动的位置，置于短暂的、凑合的、会时过境迁的境地，以此来打破我们在城市认知中的成规，置疑那些一成不变的理论，并引出新的论题[7]。

一些类似"空间实验室"、"Complizen"、"Urbikon"、"L21"、"Strandbox"等的建筑事务所以它们的实际行动开拓了意料之外的新领域。一些临时性项目——诸如由"空间实验室"在柏林的"共和国宫"内部和周边完成的"山体＋水晶旅馆"，就是一个值得回味的展场，它主要面向那些新兴的城市社会阶层，比如拼帖家庭（再婚家庭），比如由城市问题滋生的不受政府保护的社会弱势群体以及服务业新贵。他们需要更具解释性的场所和标志，能够不受约束地在里面进行新社会规则与秩序的学习和尝试。

它们的强与弱、优与劣都只是暂时的，它们逃避了永恒性和稳定性的话题，它所带来的疑问多过它能给出的答案。它们所采取的行动，就是以特例独行的方式对抗传统规则，这是一种过渡情况。它向我们揭露了城市和社会中支离破碎的状态，让我们敏感而又兴致勃勃地去面对这些冲突。

我们想要生活在怎样的世界里？又将会生活在怎样的现实里？这个问题等待着我们给出新的解答。尤其是当现实世界越来越多地被视觉感观所影响，而视觉感观又被事物表象所控制和定义，而且越来越偏向矫情的、个体的感受。正如瑞士的建筑理论家马汀·斯坦曼对建筑学所做的表述：在现实里，事物的表象能表达出很多不同的含义，人们可以选择一种方式去解释它们，但这种解释只是一种可能性，不见得真实可靠、准确无误。[8]

注释

1.Gilles Deleuze, Félix Guattari.Anti-ödipus.Minneapolis, 1983:34

Gilles Deleuze, Félix Guattari.《反俄狄浦斯》.美国：明尼阿波利斯市, 1983:34

2.in Odo Marquard "Kleine Anthropologie der Zeit" in "Individuum und Gewaltenteilung — Philosophische Studien", Ditzingen:2004,9~12

Odo Marquard."小人类学的时间"，选自《独立性与权力分配——哲学研究》，德国：蒂茨因根市，2004:9~12

3.dito, aus dem Aufsatz "Skepsis als Philosophie der Endlichkeit"；18

4.Françoise Choay. Das architektonische Erbe, eine Allegorie. Braunschweig-Wiesbaden 1997:19. Erstausgabe"L´Allégorie du Patrimoine".Paris,1992.

Françoise Choay.《建筑学的遗产——一个比喻》.德国：布劳恩施威格-威斯巴登，1997:19，第一版《建筑学的遗产》，巴黎，1992

5.Diedrich Diedrichsen. "Montage/Sampling/Morphing. Zur Trias von Ästhetik/Technik/Politik", in: http://www.medienkunstnetz.de/themen/bild-ton-relationen/montage_sampling_morphing

Diedrich Diedrichsen.《剪贴/取样/渐变.到 美学/技术/政治的三位一体》
摘自以上网站

6.Wüstenrot-Stiftung(hersg.). Umnutzungen im Bestand. Neue Zwecke für alte Gebäude. Stuttgart/Zürich,2000

Wüstenrot基金会.《现状中的改造，为老建筑提供新用途》，斯图加特/苏黎世，2000

7.Antje Havemann, Margit Schild, "Der Nylonstrumpf als temporäre Aktion-oder: Was können Provisorien?", in "dérive".21/Jan, 2006

Antje Havemann, Margit Schild."以尼龙袜做临时招架——或者说：什么能做过渡方案呢"，《起源》，2006(1)

8.Martin Steinmann." Wirklichkeit als Geschichte".Forme forte. Schriften 1972~2002. Basel, 2003:143~152.

Martin Steinmann.《以真实为历史》1972-2002,瑞士：巴塞尔, 2003:143~152

图片来源说明：

所有图片都由作者亲自拍摄，或取自Van Eegerat, Anderhalten, Jürgen Mayer H., Knerer/Lang, baupiloten, Chestnutt/Niess等建筑师或事务所，其图片的转载权无偿赠予中国出版物。

作者单位：德国斯图加特大学

外廊之外
Outside the Outer Corridor

楚先锋　*Chu Xianfeng*

本人近年来因工作原因数次到日本考察工业化住宅的设计、生产和建造技术，回来后也仔细查阅了从日本带回来的相关资料，发现日本工业化集合住宅中有一个非常明显的特点，那就是它们很多都是外廊式（图1）。我这里所说的外廊，有可能是公共的外走廊，也有可能是外部的阳台（一般是通长的，形式和外廊是相同的，只不过是私家拥有罢了）。经过分析，我发现外廊式集合住宅有许多好处。我们先来看一个实例，然后再逐条分析其具有的优点。

第一个实例是位于东京市中心区由大成建设和东京建物合作开发的TAKANAWA住宅项目。这个开发项目的主楼平面是一个矩形，其中一对对角各被削去了一部分。其户型从100m²左右的小户型（图2）到200多平方米的大户型（图3）均有。无论大小户型，均围绕着中部的内走廊布置，从内走廊入户（图4）。外侧无一例外是阳台，几近通长。阳台属于半室内半室外的灰空间，里面可以设置一些需要设置在室外的公用设备（图5）。

第二个实例是位于多摩市的Brillia多摩项目（图6）。它也是东京建物开发的住宅项目。在它的销售样板间里面我们看到，它的阳台地板上有一个方形的金属盖板，据介绍这是一个通向楼下的安全逃生通道，紧急情况下可以进入楼下住户的阳台逃生（图7）。同时，这个阳台和邻户阳台之间的分隔墙是采用轻质墙体隔开的，这同样是紧急情况下的安全疏散通道，很容易撞开（图8）。我看到的时候，很是担心安全防盗问题，询问项目销售人员以后，被告知这是政府的强制规定。都这样做了，也就不奇怪了。

现在我们可以看到，这种做法首先能够给居住在里面的人带来更多的接触户外的机会。位于一侧的（通长）阳台，既是家人亲近自然的空气、阳光、雨露、植栽等的场所，又是家人之间交流、活动的灰空间。这种空间可以缓解高层集合住宅给人，尤其是长时间呆在家里的老人和家庭主妇带来的高空封闭感和心理孤独感（图9）。而位于另一侧的公共走廊，如果室外走廊，可以成为居民驻足、远眺的场所，即使是内走廊，至少也是住户之间交流的公共空间，对促进邻里关系不无裨益。

其次，和单元式集合住宅比起来，外廊式的集合住宅可以有效地解决消防安全问题，为高空紧急疏散和救援提供有利的条件。公共走廊可以提供两个方向的紧急疏散通道，通长阳台又可以提供更长的高空救援面。同时阳台上户与户之间的紧急疏散口又可提供1－3个额外的紧急疏散口。这些措施都对有效地保障居民的人身安全具有非常有效的作用。

第三，双侧都是外廊或者阳台式的住宅，其建筑形体趋于简单。规则的形体既便于工业化生产与建造，提高效率、降低成本，又能够减小体型系数，节能、节材，同时也使室内空间规整方正，便于室内家具的布置和空间使用。规则的平、立面造型也减少了复杂的节点处理，减少

1a

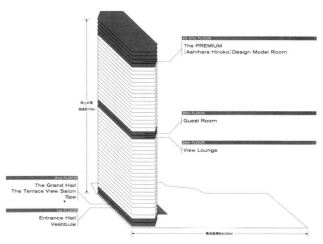

2a

1b

2b

1c

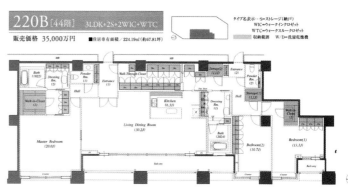

3

4.TAKANAWA的内走廊
5.TAKANAWA的阳台，可以容纳一些公用设备
6.Brillia-多摩项目销售宣传资料
7.Brillia-多摩项目阳台上的上下层之间的逃生口
8.Brillia-多摩项目阳台上的相邻两户之间的隔墙，紧急情况时可撞开逃生
9.TAKANAWA阳台上可以俯瞰东京市容
10a.工业化住宅施工中，顶部几层有金属防护网架，下面均设简易安全网
10b.工业化住宅施工中，工人在金属防护网架以内工作
10c.工业化住宅施工中，下部设置的简易安全网
10d.工业化住宅施工中，顶部金属防护网架
10e.工业化住宅施工中，顶部金属防护网架安装细部

11a. ALC非直接外墙内侧，
角钢框固定，非常简单
11b. ALC非直接外墙固定用
的扣件
12. PALFLEX集合住宅-小
户型平面图
13a. 外廊式住宅立面4效果
图-Brillia Tower
13b. 外廊式住宅立面5效果
图-Brillia代官山丘上之丘

了生产与安装方面的处理难度，当然也减少了发生失误的可能性。

第四，双侧外廊式住宅的大多数外墙退后成为非直接外墙，便于工业化外墙的施工与安装。根据日本的经验，这种情况下基本上可以取消脚手架，仅在外侧搭设安全防护网即可（图10）。这种安全防护网搭设非常简单，可以大大节省施工措施费，给开发商和购房者带来直接的经济效益。

第五，同样基于上条中提到的原因，非直接外墙不再是直接面对风雨，对外墙的防水要求可以大大降低。对开发商来说，减小了外墙防水施工难度的同时，对住户来说，也避免了外墙渗漏带来的麻烦（图11）。据万科物业的统计，所有物业维修的质量问题中，外墙及外墙门窗渗漏方面的问题占50％以上。采用这种外廊式的住宅设计，可以有效地解决这个顽固困扰住户和开发商、物业公司的疑难杂症。同时，在外廊（或者阳台上）可以设置一些需要设置在室外的公用设备，外廊（或者阳台）可以减少风吹日晒雨淋给这些设备带来的损坏。

最后，这种一侧是公共走廊、一侧是阳台、户内功能空间分区设置的设计方式，可使住宅分区明确，便于公用设备管线集中设置，也便于后期的集中维护、更换和管理，同时也给后期住宅灵活变更室内居住空间的分隔形式带来方便，使住宅能够更好地适应家庭结构的代际变化和时代发展所带来的变化。同时，这种布局方式必然使住宅的进深较小（相对国内住宅而言），使户内的通风、采光均明显优于大进深的住宅，进而令住宅的居住品质更好（图12）。中国现在这种一味地追求大容积率而无限制地增大进深造成很多通风、采光均很差的房间的做法应该改变了。

当然，外廊式的集合住宅可能带来建筑立面的单一化，其对住区环境的贡献有一定程度的降低，但是，通过表面细节处理可以弱化这种影响（图13）。同时，中国的住户在从一次购房向二次购房转变的过程中，也会逐步变得理性，会从关注建筑的外观是不是够气派、够靓，逐步转向关注住宅的使用性能是不是更好、质量是不是更高、入住后的问题是不是更少。有朝一日，我们会有那么一类细分客户欢迎类似日本的这种外廊式工业化集合住宅的出现的。

作者单位：万科集团建筑研究中心

浅谈房价过快上涨与住房制度改革

On Rocketing Housing Price and the Housing Reform

黄利东 *Huang Lidong*

[摘要] 住房价格关系到群众的切身利益，引起了社会各界的广泛关注。近几年，国内主要大中城市的房价大幅攀升，国家出台了一系列调控措施，但收效甚微。本文分析了房价过快增长的原因和当前住房制度改革存在的问题，对城市低收入人群住房政策进行了探讨。

[关键词] 住房价格、上涨、制度、福利政策

随着经济的快速发展与城市化进程的快速推进，"居者有其屋"已经成为提高人民生活水平的基本内容。近几年来，部分大中城市房价大幅攀升，超出了城市大多数居民的承受能力。住房是一种特殊商品，其价格的影响因素非常复杂，既有市场原因，又受到很多政策因素影响。本文从住房价格上涨的原因分析开始，针对住房制度改革带来的一系列问题，对我国的住房福利政策提出一些对策建议。

一、住房价格上涨的原因分析

1. 住房消费需求量大是住房价格快速上涨的基本原因。一是居民的需求增加。随着国民收入的增加，城市居民的生活水平提高，急需改善住房条件。二是城市新增人口需要住房。我国目前正处于城市化的发展时期，因城市化而导致的城市人口增长是巨大的，随之而来对住房的需求也急剧增大。三是城市拆迁迫使部分居民购买房屋。我国许多城市旧城改造的速度非常快。在对旧城的拆迁中，

许多居民失去了住宅(当然他们可以回迁或者会得到一些金钱补偿)，他们也会购买住房。需求量大导致住房价格快速上涨的一个明显的旁证是农村和小城镇的住房价格比较稳定。农村和小城镇住房价格变化基本不大，这是由于其人口相对固定，从而使需求比较稳定。

2. 房屋建筑成本不断提高推动房价上涨。在市场机制下，住房价格的确定除受制于供求关系之外，还取决于房屋的建造成本。在我国城市商品住房的开发中，房屋的建筑成本正不断攀升。导致这种现象的因素主要有三个：一是土地成本升高。目前在房屋的建筑成本中，土地所占的比例为25％左右，部分地区则更高。地价的上涨必然导致整个房价开发成本的提高，进而推动房价的快速上涨。二是建筑材料涨价。近年来，水泥、钢筋、铝合金等建筑材料的价格上涨幅度比较大，成为房价上涨的一个推动因素。三是房屋质量不断提升。近几年修建的房屋从设计到装修与以前相比都有很大的提升，这必然会导致成本的增加。

3. 民间资本缺乏适当的投资途径，大量进入房地产市场，导致对住房的需求虚高。随着我国经济发展水平的提高，民间资本的数量渐趋巨大，这些资金需要一个投资的渠道释放出去。但是由于种种原因，大量的民间资金寻找不到合适的投资渠道，于是就进入了房地产市场用于炒作住房。闻名全国的温州人炒房正是这一现象的典型表现。由于大量的民间资本参与炒房，导致温州的住房价格是全

国最高的地方之一。

4．房地产开发商的开发、销售手段促使房价升高。土地资源的稀缺和价格的上涨，导致开发商在开发和销售商品房的过程中采取一些手段来推高房价，以获取最大利润。开发商采取的手段主要有：一是推迟开发进度，囤积土地；二是建设高档房屋以获取更高的利润。许多城市目前开发的房屋都是大面积、高档次的；三是隐瞒房屋开发、销售的各种信息，人为制造供求紧张的现象。

5．外资在近几年大量进入我国的房地产市场也对房价的上涨起到一定的推动作用。中国人民银行在2005年8月15日公布的《2004中国房地产金融报告》中指出，受房价快速上涨和人民币升值预期的影响，境外资金通过多种渠道进入了上海、北京等热点地区的房地产市场。外资进入中国房地产市场已成潮流，其购房集中于别墅、公寓等高价位商品房。并正以越来越大的规模和越来越快的速度进入热点房地产市场。

6．房地产市场的垄断性。住房市场作为一种特殊的市场，其特殊性乃根源于住房商品的特殊性。这种特殊性决定了住房市场的不完美性，也就是说，并不存在一个公开而统一的住房市场，因此其失灵也就不可避免。房价居高不下的真正原因其实是根源于住房市场的垄断性。要调控房价到居民可承受的范围，必须先消除垄断势力带来的垄断利润。

7．政府因素。除了市场因素外，政府的政策因素也是重要原因。住房保障制度、公平交易制度和税收调控制度的缺失，使国家以抑制总需求增长为主的房地产业调控措施失效，高地价、高房价和高需求同时存在。一些地方政府一味通过公开拍卖土地来取得更多的建设资金，使规划与建设不协调，导致重复拆建加大城建成本。另外，公共产品缺乏也是造成住房价格偏高的重要原因。由于公共产品不足，居民家庭教育和医疗支出所占的比重迅速提高，消费者对未来收入和支出的不确定性预期增强，越来越不敢花钱，也就越来越觉得住房价格高。

二、宏观调控政策对房地产价格的影响

为了抑制持续上涨的住房价格和房地产投资规模，国家出台了一系列针对房地产市场的宏观调控政策，如"国八条"、"七部委意见"、"国六条"以及"九部委意见"等政策，从土地、金融、税收、住房供应等方面，全方位对房地产市场进行调控。在市场经济条件下，供求关系是形成房地产价格的决定性因素。但由于房地产市场是一个竞争不充分的垄断竞争市场，影响房地产供给和需求的因素很多，仅靠市场机制的作用难以实现供求的均衡，因此需要政府的政策干预，来影响市场供给和需求，引导各市场主体对房地产市场形成合理的预期，从而实现房地产市场资源的优化配置。可见我国的房地产价格形成机制应是在政府的宏观调控下由市场形成价格为主的经济机制。

1．土地调控政策对房地产价格的影响。地价是房价的"龙头"，又是房价的重要组成部分。地价决定房价，房价反过来又会拉动地价的上升。在我国，土地是国家所有的，政府对土地出让一级市场是垄断的，所以土地价格在很大程度上不是在市场中形成的。但政府垄断土地一级市场，可在一定程度上控制土地的供给弹性，避免土地价格的大起大落。

首先，国家对土地投放数量的变动会直接影响土地价格，进而影响房价。一般来说，如果政府增加土地供应，则会促使地价下降，进而导致房价下降；但如果开发商囤积土地，则政府仅仅通过调节土地投放便难以实现调控房价的目标。近年来，我国一直实行的是收紧"地根"的宏观调控措施，使土地供应不断减少，土地价格的上涨是必然的。国土资源部应根据房地产市场变化的情况，适时调整土地供应结构和数量。对住房价格上涨过快的地方，应适当提高居住用地在土地供应中的比例，着重增加中低价位普通商品住房和经济适用住房建设用地的供应量，科学地确定土地供应规模，用供给来调节需求与房价。

其次，国家对土地投放数量的变动会引发未来住房供给的数量变动，进而影响房价。但土地投放数量的变动对房价的影响，会受购房者对房价预期的制约。当现实的房价不断上升时，即使土地投放变动减少也很难改变购房者对房价的短期预期，也很难改变当期的购房需求，房价也就难以应声下落。因此，土地调控政策对地价的调控是迅速有效的，但对房价的调控则受制于开发商的土地囤积行为和购房者的"追涨杀跌"，其效果存在时滞，不能迅速显现出来。

2．信贷调控政策对房地产价格的影响。从土地储备，到房地产开发、房地产建设，再到房地产购买，每一个环节都离不开银行信贷的支持，金融信贷政策对房地产市场的影响是很大的。针对房地产市场的信贷调控政策可以分为两类：一是直接作用于房地产开发企业的信贷政策，包括调节房地产开发企业自有资金比例和房地产开发贷款利率等的政策措施；二是直接用于住房需求者的金融政策，包括调节住房按揭贷款首付比例和按揭贷款利率等。提高房地产开发企业自有资金比例将直接影响开发商的资金流转，提高房地产开发贷款利率将直接影响开发商的开发成本，它们都会迫使开发商减少资金占用，减少土地囤积并加速住房销售。这类金融政策的调控效果取决于开发商对流动性和资金成本变动的承受能力，如果承受能力弱，则调控效果迅速有效。央行便曾上调商业银行对个人住房贷款的优惠利率和个人房贷首付款比例，以期通过提高利率、增加购房成本来抑制投资需求，进而达到控制房价上涨的目的。调节住房贷款首付比例和贷款利率会直接影响购房需求，对房价的调节作用最为迅速，效果也较明显。但提高商业性贷款利率也加大了中低收入群体居住性需求购房的困难，抑制了正常的住房需求。笔者建议能够采用区别性银行信贷政策，对中低收入群体购买第一套住房采取优惠利率，对购买第二套以上的住房采取市场利率。

3.税收调控政策对房地产价格的影响。房地产税收政策实际上是一个综合性政策，在房地产市场的不同环节设置不同的税种，可以起到不同的调控作用。在房地产开发环节征税将增加房地产企业的经营成本；在房地产流转环节征税将增加住房转让的交易成本；在房地产保有环节征税可使得购房者的房地产保有成本提高。税收政策对房地产价格的调控可从以下三个方面着手：一是在房地产开发环节，通过规范相关税费，减轻企业的负担和经营成本，在一定程度上抑制价格飙升；二是通过加大流转环节的税赋，增大炒房成本，压缩获利空间，达到抑制投机炒作的目标；三是改革房地产保有环节的税制，直接或间接地对保有房地产扣税，减少利用房地产的收益，在实行以家庭为单位的实名制基础上，对拥有标准内的住房和标准外的住房规定不同的税率，抑制出于投机目的的房地产保有行为，促使房地产价格低落。从短期来看，对交易环节、流转环节采取税收差别对待有利于抑制投机、稳定房价；而从长期看，通过征收房地产保有环节的物业税，会降低房地产的投资价值，有助于抑制奢侈性和投机性的住房需求，利于稳定房价。总之，调控房地产市场的税收政策将会直接影响购房需求，特别是投机性需求，因而对房价的调控作用是直接有效的。

以上三大房地产宏观调控政策，是政府应用经济手段，通过调节影响房地产价格的供求因素来调控房地产市场。目前中央政府为降低房价，实施的是限制供给与需求的双紧措施，但住房是人们赖以生存的必需品，所以住房需求的价格弹性是相对较小的。减少土地供应量、降低房地产开发投资规模，提高房地产开发贷款利率和住房按揭贷款利率，只能控制房地产经济过热现象，对抑制住房价格上涨起不到根本作用。国家发改委和国家统计局2006年

8月发布的房价调查统计数据显示，全国70个大中城市房屋销售价格同比上涨了5.5%。事实证明，此前的调控政策并没有达到预期效果。

三、我国当前住房福利政策存在问题

我国住房分配制度改革以来，商品房房价始终在高位徘徊，近年来更是迅速上扬。采用建设经济适用房和建立廉租房制度来满足居民的基本需要并抑制房价是其他国家和地区采用过的行之有效的方法。建设部等部门于2003年和2004年相继颁布的《经济适用房管理办法》和《城镇最低收入家庭廉租住房管理办法》政策虽然早已经出台，但是这一制度还存在许多明显的问题。

经济适用房存在许多问题。其一，它的对象虽然包含了低收入群体，但其本身还不是针对低收入群体的政策。它主要适用于中等收入以上人群，因为他们的购房支付能力较强。这就产生了福利受益人群倒置问题。有能力买房的，从中获得数以万元计的利益；而无能力买房者，则不可能问津住房福利。其二，在管理方面，将住房福利与市场结合起来，交给开发商去办，是一项大胆的探索。但是开发商往往会从自己的商业目标出发运作而忽视政策规定，如不控制建筑面积标准和销售对象等。其三，经济适用房提供的购房福利不触及二手房市场，而二手房通常价格要低于新房，旧的建筑标准也低些，更适合中低收入家庭。

在廉租房制度方面，也存在一些缺陷。第一，住房标准相应较低，住房的结构和面积都不尽合理。第二，廉租房受益人群边界较明显，而利益反差又较大。第三，政府廉租房的退出机制很难运作。许多廉租房都是建在比较偏远的地方，承租户仅仅是承租房屋，户口却一般在原居住地，这样涉及到孩子读书、就医、民政补贴的发放等与户口有关的问题都无法解决，给租户造成许多不便。而许多承租房屋的租户后来收入提高已经不符合享受廉租房条件的，却又迟迟不搬走，影响了房屋的使用。

从深圳的实际情况来看，现有的经济适用房和廉租房措施有两个致命弱点。一是房源太少，远远不能满足需求，如桃源村三期仅有3000户，仅能解决1万多人的安居问题，廉租房源更是稀少；二是目前经济适用房和廉租房的申请对象仅为具有深圳户籍的低收入家庭，而对于数百万外来人口中的低收入人群的住房保障则没有任何政策目标和实际措施。在深圳，任何无视大量外来人口的存在，只面向少数受益对象的住房保障政策是不大可能取得成功的。

四、完善住房福利政策的对策与建议

纵观人们生活的基本活动，老百姓用三个字就高度概括了，那就是吃、穿、住。可以说，住得怎么样，住房有没有保障，是衡量平民百姓生活是否和谐平安的一个重要条件。因此，我国必须采取一系列措施，进一步加大住房改革力度，扩大住房福利覆盖面，构建和谐平安的商品房体系。

1.继续建设完善经济适用住房和廉租政策，解决中低收入者的住房问题。完善经济适用房制度应当从以下几个方面着手；首先，明确经济适用房的性质。经济适用房就是政府建造，按照成本价格提供给中低收入家庭居民的住房，属于社会保障性质的住房，而不是商品房；其次，要明确地方政府在经济适用房建设中的责任。一是通过全国或者地方人大制定法律、法规，将建设经济适用房的数量、时间表明确上升为法律、法规，要求地方政府执行；二是上级政府监督地方政府执行，将经济适用房建设作为考核地方官员政绩的标准之一，明确其责任；再次，要增加建设经济适用房的数量。以前的经济适用房建设由于数量过少，远远无法满足需求，对住房价格也起不到稳定的作用。各地政府应当在财政许可的情况之下，尽可能多规划一些经济适用房项目；最后，对经济适用房要合理规划、设计。对于建设经济适用房的土地、资金、房屋的结构、面积和配套生活设施等都要做出比较明确的规定。对于廉租房制度，首先政府要大幅度提高廉租房的供应数量，让更多的贫困家庭能够享受到这一政策；其次，可将廉租房由提供实物住房改为提供住房补贴，方便居民；最后，廉租房分配方法要公开、透明。

2.加快住房建设结构调整，建立健全住房保障体系。一是增加中低价格商品房建设，限制非住宅或豪华高档住宅建设。继续加快结构调整，积极鼓励普通商品房建设，加大经济适用房供应，限制非住宅和高档及大户型住房建设，进一步扩大经济适用房的建设规模，使经济适用房的建设规模占同年商品房建设开发量的10%以上。二是加强对房地产开发市场的监管，规范房地产开发建设行为。进一步严格企业投资管理审批制度，严把市场准入关。落实项目资金制度、商品房预售许可证制度等各项制度。严厉打击房屋销售中的各种违法、违规、欺诈行为。做好房地产交易与权属管理达标考核工作，积极推行房地产交易、权属管理一体化，简化程序、改善服务，以构建和谐的服务环境。

3.建立和完善政策性住房金融制度。住房是一种特殊的商品，其价值大、使用期长，在市场机制作用的背景下，许多居民尤其是为数众多的中低收入家庭，不可能仅通过市场来解决自身的住房问题。由于市场机制的局限性，单纯依靠其来调节住房的发展是不够的，政府必须对住房建设，特别是对低收入阶层居民的廉价公共住房建设提供各种方式的支持。制定有关用地和税收等优惠政策，鼓励房地产商开发面向低收入人群的廉价出租房屋，为较低收入人士购房提供优惠利率的抵押贷款。一个完善的住房保障体系应该包括政策性的住房金融体系，这是政府提高较低收入阶层的住房需求水平，解决其住房问题的重要手段。

参考文献

[1]陈殿阁.试析完善住宅商品房价格形成机制的对策.中国物价，2006(6)：15～17.

[2]胡建兰，高洁.从供求角度研究商品住宅价格高涨问题.研究与探索，2006(11)：57～59.

[3]徐忠平，卫鹏鹏.房价上涨的原因及平抑措施.中国物价[J]，2005(5)：62～64.

[4]李伟.住房价格上涨的原因分析及完善调控措施建议.价格理论与实践，2006(9)：40～41.

[5]王华.浅谈现阶段住房价格的影响因素.中国西部科技[J]，2006(29)：70～71.

[6]杨子江等.我国商品房持续涨价的制度性分析.亚太经济，2006(4)：117～120.

[7]姚金海.住房市场价格决定的博弈分.云南财经大学学报[J]，2006，21(4)：29～31.

[8]朱德开.公共产品缺乏是造成住房价格偏高的重要原因.技术经济，2006，25(5)：24～27.

[9]周旭.宏观调控政策对稳定房价的经济学分析.集团经济研究，2006(11)：33～34.

[10]李伟.住房价格调控措施的缺陷及完善建议.商场现代化，2006(11)：201～203.

[11]田一淋.PPP融资模式：中国住房保障体系的理性出路.中国房地产金融，2006(3)：14～15.

作者单位：深圳大学土木工程学院

"历史地段"
——美国城市建筑遗产保护的一种整体性方法
"Historical District"
A General Method of Urban Architectural Heritage Protection in the U.S.A

王红军 *Wang Hongjun*

下篇 美国历史地段区划条例和设计导则的制定

[摘要] "历史地段"是当代美国进行城市历史遗产保护的重要方式。文章着重分析了一些美国历史地段区划条例和设计导则的实例,这一模式对于我国城市的历史遗产保护具有借鉴意义。

[关键词] 历史地段、区划条例、设计导则

Abstract:"Historic District" is an important method of Historic Preservation in America. With the analysis of several examples, this article discussed the feature of the Zoning Ordinance and Design Guideline of Historic District in America and the reference to the Historic Preservation in our cities.

Keywords:Historic District, Zoning Ordinance, Design Guideline

自20世纪30年代以来,划分地方历史地段已经成为了美国当代城市历史遗产保护的重要方式。其特点之一在于依托整个城市规划体系,与区划相结合,以专门制订历史保护区划条例作为建筑遗产保护的法律基础,并有较为详尽的设计引导。

美国地方历史地段区划条例大多始于六七十年代,在完整的区划条例颁布之前,许多城市已经拥有了基于单体建筑指定的历史地标制度;70年代中期后,针对历史建筑和资源调查的范围更大,标准更加综合,更关注社区的历史环境和群体形态。80年代,在深入研究的基础上,一些东部城市率先建立了更综合的历史保护计划,对于历史地段内历史财产的改动和拆除以及再发展,提出了更为完善的程序和标准,并逐步整合到城市开发控制系统之中。地方的区划条例会在遵循本州的法律原则的基础上符合地方的特点。

历史地段区划条例是一个法律文件,必须遵循所在州的要求和当地政府的原则。首先,它的目的是提高公众福利。政府的目的是保护和提升市民总体的利益。这样,法令条款的基本目的必须有利于社区大众,而不是一部分个人财产的拥有者。此外,法令中具体的实施途径应当是合理的。法令条款在如何实施上应该与其他城市法令的特性相似,并且不应该太晦涩以至于容易错误传达和错误使用。最后,法令的条款应该是公正的,在一个具体的群体中,每个人都是平等的,法令不应当对个体不负责任地施压。美国的法律充分尊重个人权益,如果法令对一些财产的保护太过苛刻,那么物主就会指责他们的财产受到了法律上的"个人权益受侵害"(taking),市政府就应该补偿这些物主。但如果个人违反了区划条例的要求,那么委员会就要采取主动,反对物主的行动。在1975年马赫对新奥尔良一案中(Maher v. City of New Orleans)的判决中这样写道:"一旦历史保护区立法的目的被认为是适当的,那么作为法令的目的,保证建筑保护的实施是合理的也是必要

的。"因为历史保护委员会很少有强制施行的权力，所以一般由拥有强制施行权的机构来实施。

第4项 对建筑和构筑的分类：在历史地段之中，所有的建筑和构筑物应当在市长和市议员认可的历史建筑地图上标明并加以分类，且作为区划地图的一部分。这些建筑和构筑物应当被分为2个等级：

（1）历史的。那些被列为历史建筑的个体应当具有相应的历史或建筑价值，作为保护的依据。其应当被细分为：

A. 杰出的

B. 优秀的

C. 较好的

D. 具有环境意义的

（2）现代的。此类建筑与构筑物一般不在历史建筑地图上标明，除非有优秀的、杰出的或作为环境一部分的价值。

第5项 适当性证明(Certificate of appropriateness)。对于以下行为，需要由区划行政管理人员经审议委员会同意后提出适当性证明，方可进行批准：

（1）在所有历史地段中：

A. 拆毁历史建筑。

B. 移动历史建筑。

C. 在加建、重建、改建过程中对历史建筑的外立面材料的改动，以及在维护过程中对外立面色彩的改动。

（2）在 I 号历史地段内

A. 在公共街道上可见的任何新建项目。

B. 在沿公共道路（包括人行道）两侧，对于外墙和隔离物的改动，或新建墙体和隔离物。

C. 在加建、重建、改建过程中对非历史建筑的外立面材料的改动，以及在维护过程中对外立面色彩的改动。

在萨凡纳的区划条例中我们可以看出，地方区划条例中对于个人权益的尊重和公平原则。当历史地段内的历史建筑(非登录建筑)确对业主造成经济损失时可以允许拆除，体现了历史保护中对个人权益的尊重。但同时，条例尽可能为社会上各种历史保护力量留有余地，利用美国社会中发达的非政府(NGO)组织，即第三方力量来推进保护。

不同的地方历史地段对于指定历史建筑的年限规定也有所不同，北方的费城社会山、波士顿贝肯山和南方的查尔斯顿与萨凡纳是四个比较有代表性的历史地段，其对于历史建筑的年限要求对比见表1。

在萨凡纳的区划条例中这样写道：

……

第9项 发展标准

（1）在所有历史地段内对于历史建筑的保护。对一座被认定为历史建筑的个体或部分，或任何包括石墙、围栏、轻型固定物、台阶以及标志等的附属物进行移动、重建、改建或维护时，只能以一种严格保存历史和建筑特征、结构、外观的方式来进行。

（2）对于历史建筑的拆毁。当业主证明一座被认为是历史建筑的个体无法带来任何经济回报时，经过具有资质的评估者认定，若审议委员会无法提供适当性证明，该建筑可以被拆毁，但在得到拆毁许可之前，需经过一段告示延迟期：

A. 被认定为杰出的：12个月

B. 被认定为优秀的：6个月

C. 被认定为较好的：4个月

D. 对于那些具有环境意义的：2个月

告示将被张贴于建筑的场地或主体上，并在当地公共街道可以明显看到。另外，在拆毁之前，告示应当被登在当地大量刊行的报纸上，并不少于三次。最后一次告示登报应当至少在拆毁前15天。这一条例的目的是尽量对那些具有教育、文化、传统和经济价值的历史建筑进行保护，并让城市、热心于此的个人以及历史保护团体有机会来取得建筑的所有权或进行保护。在此期间，如果审议委员会提出适当性证明，则无需延迟。

（3）历史建筑的异地重建。一栋历史建筑不应当被异地重建，除非该建筑在当前场地不适合进行保护。[1]

四个历史地段对于历史建筑最小年限规定的比较　　　表1

城市/机构	最小年限
费城	没有官方的限制；列在费城历史场所登录制度(Philadelphia Register)名册上的所有建筑都被认为是历史建筑。 附加的规则为：根据现存的历史保护法律，不考虑未故的建筑师的作品。
波士顿	50年，或者由波士顿地标委员会(Boston Landmark Commission，即BLC)特批
查尔斯顿	至少75年以上的建筑或列入查尔斯顿历史财产目录(Historic Inventory Map)的建筑
萨凡纳	没有具体的年限：萨凡纳历史保护基金会(Historic Savannah Foundation，即HSF) 1979年出版物上的建筑——或者后来由市长列出的建筑

资料来源：City Historic District (Zoning)ordinances，1999

历史区划法令对于历史地段内的建筑改动都有严格的规定，如果超出了历史区划法令的规定，则要申请"适当性证明"（Certificate of appropriateness），经过审议委员会审批通过后方可实施（表2）。

一般历史地段内建筑改动的基本审批程序　　　　　　　　表2

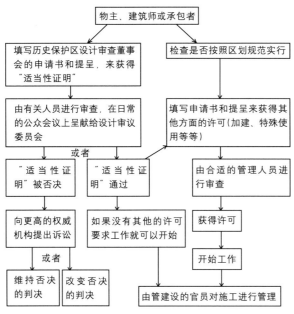

来源：Alice Meriwether Bowsher，Design Review in Historic Districts，The Preservation Press，1978．P.58.

设计导则是在区划条例的基础上，侧重指导性的详细解释。一般的历史保护区都会有相应的设计导则，来规范建筑更新和新的建造，同时还设有审议委员会对业主的任何改建进行审批。由于美国的建筑保护管理对下一级政府都会留有很大的自主权，因此不同的历史保护区其导则也各不相同。例如，弗吉尼亚亚历桑德罗市规定在保护区内的任何加建都应当采用传统式的设计，以与整个区域的风格相协调。圣达菲的导则更为严格，不但规定了建筑的色彩范围，而且对于沿街的洞口数量也有规定。[2]相比之下，萨凡纳（Savannah）和费城社会山（Society Hill）的导则较为灵活宽泛，不强求街道立面的统一，允许在传统风格的建筑中插建一些风格截然不同的现代设计，但对其尺度有严格的限制。这种较为宽松的导则旨在控制沿街建筑的尺度、密度、材料等因素来延续传统的城市肌理。这些不同的设计导则反映了对于维护区域传统风貌的不同态度，也加强了各历史地段不同的形象特色和空间性格（图1～2）。

相对于区划条例，设计导则有具体和灵活的特点，特别是针对设计目标，提出实现的多种途径，构成了多路径式的引导方法。与导则并呈的有描述性图片，并常常附有范例，表达力图清晰易懂。尽管审议委员会可以同时执行历史保护控制和设计审议，但由于领域不同，具体参与审议的专家组并不一定相同，从而造成了审查标准的差异。因此设计导则可以建立统一的标准，并且有一定的宽容度。设计导则在广泛公示和推行的过程中，也有助于公众在评价历史建筑更新和新建筑设计时，建立一个基本的价值体系。导则的制定者一般将历史地段条例、联邦保护标准与导则的体例和结构相结合。和历史保护条例相比，导则更注重对地方历史文脉的探索。其在制定之前必须对地方建筑的历史特色和现状作专项研究，在制定过程中需要和公众特别是业主充分沟通及征询意见。

设计导则以一种动态保护的视角，在一定限制条件下允许业主进行新的发展，防止社区的衰落（有时新的发展是必要的，在一个衰落的社区，业主往往不会在建筑日常维护上进行投入），在保证业主的个人权益的同时维护了历史地段的历史环境。在如何处理新旧建筑关系以及如何处理保护与发展的关系方面，这些导则对我国的城市整体保护具有参考价值。我们同样以萨凡纳的设计导则为例（表3）：

历史遗产保护已经成为了中国城市发展的热点之一，其重

1．华盛顿乔治敦的一座新建筑，这是当地设计导则约束的结果，可以看出导则对于建筑立面开窗比例的限定
2．纽约的一栋联排住宅中的插建，在导则规定范围内的设计，在这里，导则更注重面层材料的统一

1）建筑高度——这是一项强制性的标准，新建筑的高度与已有的相邻建筑的平均高度相比，不超过10%的变化幅度。	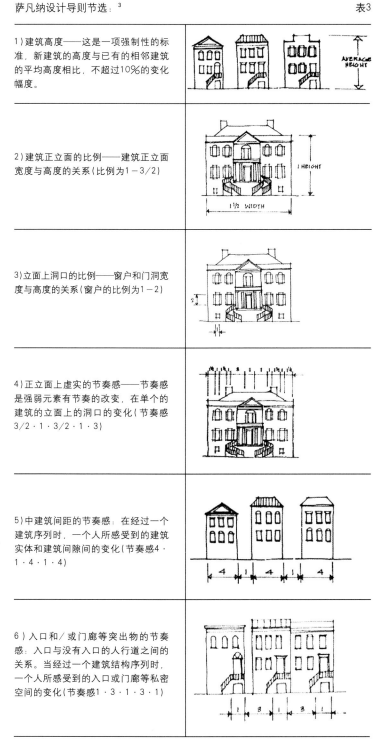
2）建筑正立面的比例——建筑正立面宽度与高度的关系（比例为1－3/2）	
3）立面上洞口的比例——窗户和门洞宽度与高度的关系（窗户的比例为1－2）	
4）正立面上虚实的节奏感——节奏感是强弱元素有节奏的改变，在单个的建筑的立面上的洞口的变化（节奏感3/2·1·3/2·1·3）	
5）中建筑间距的节奏感：在经过一个建筑序列时，一个人所感受到的建筑实体和建筑间隙间的变化（节奏感4·1·4·1·4）	
6）入口和／或门廊等突出物的节奏感：入口与没有入口的人行道之间的关系。当经过一个建筑结构序列时，一个人所感受到的入口或门廊等私密空间的变化（节奏感1·3·1·3·1）	

7）材料的关系——在一个区域范围内，最主要的材料可以是砖、石材、涂料墙面、木头或其他的材料（材料：砖）	
8）材质的关系——最主要的材质可以是光滑的（涂料墙面）或坚硬的（砖墙）或水平的木头墙板或其他的材质（材质：错落搭接）	
9）颜色的关系——主要的颜色可以是自然材料的颜色或粉刷材料的颜色或经过岁月洗礼后的古铜色。接缝处加重的或与墙面融合的颜色也是一个因素。（颜色：红色的砖墙，灰色接缝）	
10）建筑细部的关系——细部可以包括檐口、门楣、拱门、拱顶石、栏杆、铸铁构件、烟囱等等	
11）屋顶形状的关系——大多数的建筑物具有山墙、斜屋顶、高耸的屋顶、平屋顶	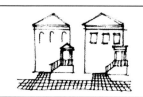
12）墙面的连续性——物质性的东西，如砖墙、铸铁围墙、常绿的景观物、建筑立面或者以上这些的组合物应该具有连续性，沿着街道的墙面具应该具有凝聚力和围和感。	
13）景观之间的关系——高质量和数量的景观可以形成一种显著感。这种显著感来自于大量的景观及其连续性。	
14）地面铺装——使用砖质铺地、鹅卵石铺地、花岗石铺地或其他的铺地。	
15）尺度感——尺度感是由与人的尺寸相关的构筑单元和建筑细部的尺寸产生的。同时尺度感也由建筑体量和它与开放空间的关系决定。尺度感中最显著的元素是砖或石材的构筑单元、窗洞或门洞、门廊和阳台等等。	

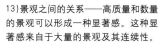

要性已经被各方所认识。近年来，我国城市历史遗产保护也开始由单体式保护向群体式保护发展，由展示性保护向生活化保护发展，赋予了历史建筑以新的生机。而若以借鉴的视角去看美国城市的历史遗产保护，则不论其藉助区域规划对历史建筑进行成片保护的法律框架，还是其历史保护导则等具体规定，以及其利用经济杠杆、借助社会力量的多种方法，对于目前中国的城市历史遗产保护来说，无疑都具有积极的借鉴意义。

参考文献

[1]William J. Murtagh, Keeping Time: The History and Theory of Preservation in America（Main Street Press, 1988）.

[2]Alice Meriwether Bowsher, Design Review in Historic Districts, The Preservation Press, 1978.

注释

1.Savannah, Georgia Zoning Ordinance, Sec. 38-122.4, Historic District.

2.William J. Murtagh, Keeping Time: The History and Theory of Preservation in America, Main Street Press, 1988.

3.Alice Meriwether Bowsher, Design Review in Historic Districts, The Preservation Press, 1978:40.

作者单位：同济大学建筑与城规学院

新书预告

《社会住宅理论译丛》

近期，中国建筑工业出版社将出版一套有关国外社会住宅理论研究的译丛。该译丛由清华大学建筑学院翻译，共分四册：

1．《社会住房入门》（Social Housing: An Introduction）

2．《人民之家？——欧洲和美国的社会住房》（The People's Home? Social Rented Housing in Europe & America）

3．《从公共住房到社会市场》（From Public Housing to the Social Market）

4．《中国新住房供应体制的社会住房角度考察》（A Social Perspective on the Reformed Urban Housing Provision System in China）

以上四本书籍组成了关于社会住房的一个相对完整的知识体系。

《社会住房入门》是在英国社会实践基础之上，围绕社会住房的几个基本方面，包括基本概念、社会条件、金融机制、开发模式、管理手段、组织机制和变化趋势，形成了一个相对基础性的、全面的介绍。

在了解了基本概念的基础上，下一个问题是：一个国家的政策应该选择哪一种社会住房模式？《人民之家》和《从公共住房到社会市场》是两本必须联系起来看的著作，因为它们代表了在社会住房领域代表性的、针锋相对的两种理论。英国学者Harloe是持自由市场观点的新古典主义经济学派的代表，他提出大规模的社会住房只是最终全面迈向自由市场的一个过渡阶段。但是，基于欧洲大陆尤其是北欧国家的社会住房实践，Kemeny自由市场理论并不能解决社会住房问题。他认为经济利益只是社会利益的一个方面，社会住房应该由政府导控从而实现社会目标。

清华大学建筑学院王韬的博士论文《中国新住房供应体制的社会住房角度考察》是应用以上社会住房概念和经典理论，考察中国目前的中低收入阶层住房问题的著作。对于目前日益受到关注的中低收入住房问题，结合中国的实际情况，梳理关于社会住房的概念和理论，是在中国开展社会住房研究的抛砖引玉之作。

社会住宅的研究课题一直是《住区》关注的重心。《住区》计划在本年末与清华大学建筑学院联合主办"社会住宅研究论坛"。届时将邀请国内外致力于研究社会住宅的专家学者参加我们的论坛。

资讯

外资参股国内大型设计院

根悉，国际著名工程设计公司美国AECOM集团近期将并购深圳市城脉建筑设计有限公司。此次并购是AECOM集团在亚洲区继2000年收购了英国的茂盛集团（Maunsell），2005并购有着60多年历史的设计和景观规划公司——易道（EDAW）后在亚洲区的又一重大举措。

从近期举办的城脉董事会与AECOM代表团的多方研讨会来看，并购已进入最终的实质阶段。会上，城脉设计毛晓冰先生对未来五年内城脉设计公司的发展做了详细的规划。其目标是通过集中式分公司经营、兼并独立运营公司等模式，迅速扩大规模。市场覆盖国内大部分主要城市，员工总数达到5000人，年产值达到15亿人民币，使城脉设计公司发展成中国最大的建筑工程设计集团企业。

在此次并购中出资的美国AECOM集团是一个提供交通、建筑与环保领域咨询、设计、管理的跨国企业，成立于1980年，总部在美国洛杉矶，连续多年在国际设计公司排名榜上名列前10名，在60多个国家设有事务所，全球员工超过24000人。目前AECOM集团在中国香港、澳门、深圳、广州、上海、南京、重庆和北京设有事务所。

美国AECOM集团通过并购国内大型设计公司，合资后的新公司将具有更多的工程设计资质，可承担的工程设计业务和技术服务业务的范围大大增加。除此以外，新公司还将引进AECOM先进的技术和管理模式，利用中国设计院和AECOM的影响力，积极开拓中亚、欧洲和非洲等国际市场。

据了解，中国国内的咨询设计行业共有13000家设计院，从业人员90万，全行业每年的营业额为3000亿元，增加值1000亿元。其中总人数超过300人、营业额超过5000万元的大型设计院有400多家。这400多家企业的营业额就接近全行业的40%。而除了十几家进行了股权多元化改革的大型设计院之外，其余都是国有企业。这个行业与整个国家的经济建设密切相关。目前，全社会的固定资产投资总额大约为7万亿元，除了大型设备采购、农民自建房屋之外，其中有接近4万亿元的工程项目需要首先进行设计咨询，这几乎涉及国家经济建设的方方面面。

而美国AECOM集团在中国的并购行动，只是外资纷纷进入中国咨询设计行业的一个缩影。

业内人士认为，此后将有更多的外国资本进入中国设计咨询市场，每年营业额达3000亿元的国内设计咨询行业将迎来更加激烈的竞争。